全球变化热门话题丛书

主　编　秦大河

副主编　丁一汇　毛耀顺

# 气候变化与荒漠化

Qihou Bianhua yu Huangmohua

王澄海 编著

气象出版社

**图书在版编目(CIP)数据**

气候变化与荒漠化/王澄海编著. —北京:气象出版社,2003.3 (2009.6 重印)

(全球变化热门话题/秦大河主编)

ISBN 978-7-5029-3558-0

Ⅰ.气… Ⅱ.王… Ⅲ.沙漠化-普及读物 Ⅳ.P941.73-49

中国版本图书馆 CIP 数据核字(2003)第 018131 号

气象出版社出版

(北京市海淀区中关村南大街 46 号 邮编:100081)

总编室:010－68407112 发行部:010－68409198

网址 http://www.cmp.cma.gov.cn E-mail:qxcbs@263.net

责任编辑:陶国庆 终审:周诗健

封面设计:新视窗工作室 责任技编:王丽梅 责任校对:王丽梅

*

北京京科印刷有限公司印刷

气象出版社发行 全国各地新华书店经销

*

开本:889×1194 1/32 印张:6.75 字数:175 千字

2003 年 3 月第一版 2009 年 6 月第三次印刷

印数:7001～10000 定价:20.00 元

---

# 序 言

全球变化科学是从20世纪80年代发展起来的一个新兴的科学领域。其研究对象是气候系统(包括岩石圈、大气圈、水圈、冰冻圈和生物圈)、各子系统内部以及各子系统之间的相互作用。它的科学目标是描述和理解人类赖以生存的气候系统运行的机制、变化规律以及人类活动在其中所起的作用与影响,从而提高对未来环境变化及其对人类社会发展影响的预测和评估能力。近20年来,全球变化的研究方向经历了重大调整。首先是从认识气候系统基本规律的纯基础研究为主,发展到与人类社会可持续发展密切相关的一系列生存环境实际问题的研究;其次是从研究人类活动对环境变化的影响,扩展到研究人类如何适应和减缓全球环境的变化。全球变化的研究已经取得了重大的进展。

气候变化是全球变化研究的核心问题和重要内容。科学研究表明,近百年来,地球气候正经历一次以全球变暖为主要特征的显著变化。近50年的气候变暖主要是人类使用矿物燃料排放的大量二氧化碳等温室气体的增温效应造成的。现有的预测表明,未来50～100年全球的气候将继续向变暖的方向发展。这一增温对全球自然生态系统和各国社会经济已经产生并将继续产生重大而深刻的影响,使人类的生存和发展面临巨大挑战。

自工业革命(1750年)以来,大气中温室气体浓度明显增加。大气中二氧化碳的浓度目前已达到368 ppmv(百万分之一体积),这可能是过去42万年中的最高值。增强的温室效应使得自1860年有气象仪器观测记录以来,全球平均温度升高了0.6±0.2℃。

最暖的14个年份均出现在1983年以后。20世纪北半球温度的增幅可能是过去1 000年中最高的。降水分布也发生了变化。大陆地区尤其是中高纬地区降水增加，非洲等一些地区降水减少。有些地区极端天气气候事件（厄尔尼诺、干旱、洪涝、雷暴、冰雹、风暴、高温天气和沙尘暴等）的出现频率与强度增加。近百年我国气候也在变暖，气温上升了0.4～0.5℃，以冬季和西北、华北、东北最为明显。1985年以来，我国已连续出现了17个全国大范围暖冬。降水自20世纪50年代以后逐渐减少，华北地区出现了暖干化趋势。

对于未来100年的全球气候变化，国内外科学家也进行了预测。结果表明：(1)到2100年时，地球平均地表气温将比1990年上升1.4～5.8℃。这一增温值将是20世纪内增温值（0.6℃左右）的2～10倍，可能是近10 000年中增温最显著的速率。21世纪全球平均降水将会增加，北半球雪盖和海冰范围将进一步缩小。到2100年时，全球平均海平面将比1990年上升0.09～0.88 m。一些极端事件（如高温天气、强降水、热带气旋强风等）发生的频率会增加。(2)我国气候将继续变暖。到2020～2030年，全国平均气温将上升1.7℃；到2050年，全国平均气温将上升2.2℃。我国气候变暖的幅度由南向北增加。不少地区降水出现增加趋势，但华北和东北南部等一些地区将出现继续变干的趋势。

气候变化的影响是多尺度、全方位、多层次的，正面和负面影响并存，但它的负面影响更受关注。全球气候变暖对全球许多地区的自然生态系统已经产生了影响，如海平面升高、冰川退缩、湖泊水位下降、湖泊面积萎缩、冻土融化、河（湖）冰迟冻与早融、中高纬生长季节延长、动植物分布范围向极区和高海拔区延伸、某些动植物数量减少、一些植物开花期提前等等。自然生态系统由于适应能力有限，容易受到严重的、甚至不可恢复的破坏。正面临这种危险的系统包括：冰川、珊瑚礁岛、红树林、热带雨林、极地和高山生态系统、草原湿地、残余天然草地和海岸带生态系统等。随着气候变化频率和幅度的增加，遭受破坏的自然生态系统在数目上会有所增加，其地理范围也将增加。

气候变化对国民经济的影响可能以负面为主。农业可能是对气候变化反应最为敏感的部门之一。气候变化将使我国未来农业生产的不稳定性增加，产量波动大；农业生产布局和结构将出现变动；农业生产条件改变，农业成本和投资大幅度增加。气候变暖将导致地表径流、旱涝灾害频率和一些地区的水质等发生变化，特别是水资源供需矛盾将更为突出。对气候变化敏感的传染性疾病（如疟疾和登革热）的传播范围可能增加；与高温热浪天气有关的疾病和死亡率增加。气候变化将影响人类居住环境，尤其是江河流域和海岸带低地地区以及迅速发展的城镇，最直接的威胁是洪涝和山体滑坡。人类目前所面临的水和能源短缺、垃圾处理和交通等环境问题，也可能因高温、多雨而加剧。

由于全球增暖将导致地球气候系统的深刻变化，使人类与生态环境系统之间业已建立起来的相互适应关系受到显著影响和扰动，因此全球变化特别是气候变化问题得到各国政府与公众的极大关注。

1979 年的第一次世界气候大会（主要由科学家参加）宣言提出：如果大气中的二氧化碳含量今后仍像现在这样不断增加，则气温的上升到 20 世纪末将达到可测量的程度，到 21 世纪中叶将会出现显著的增温现象。1990 年 11 月，第二次世界气候大会（由科学家和部长参加）通过了《科学技术会议声明》和《部长宣言》，认为已有一些技术上可行、经济上有效的方法，可供各国减少二氧化碳的排放，并提出制定气候变化公约的问题。1991 年 2 月联合国组成气候公约谈判工作组，并于 1992 年 5 月完成了公约的谈判工作。1992 年 6 月联合国环境与发展大会期间，153 个国家和区域一体化组织正式签署了《联合国气候变化框架公约》。1994 年 3 月 21 日公约正式生效。截止到 2001 年 12 月共有 187 个国家和区域一体化组织成为缔约方。公约缔约方第一次大会于 1995 年 3 月在德国柏林召开。经过两年的艰苦谈判，1997 年 12 月在日本京都召开的公约第三次缔约方大会上通过了《京都议定书》，为发达国家规定了到2008～2012年的具体的温室气体减排义务。

1988年11月世界气象组织和联合国环境规划署建立了"政府间气候变化专门委员会(IPCC)"，其主要任务是定期对气候变化科学知识的现状、气候变化对社会和经济的潜在影响，以及适应和减缓气候变化的可能对策进行评估，为各国政府和国际社会提供权威的科学信息。自成立以来，IPCC已组织世界上数以千计的不同领域的科学家完成了三次评估报告及"综合报告"。目前，IPCC正在准备编写第四次评估报告，将于2007年完成。此外，还组织编写了许多特别报告、技术报告。IPCC组织编写的这些评估报告，作为制定气候变化政策和对策的科学依据提交给国际社会和各国政府。它不仅为各国政府部门制定气候变化对策提供了科学信息，而且也直接影响着《联合国气候变化框架公约》及《京都议定书》的实施进程，并在荒漠化、湿地等其他国际环境公约的活动中发挥着越来越大的作用。

全球气候变化问题，不仅是科学问题、环境问题，而且是能源问题、经济问题和政治问题。全球气候变化问题将给我国带来许多挑战、压力和机遇。

国际上要求我国减排温室气体的压力越来越大。目前我国二氧化碳排放量已位居世界第二，甲烷、氧化亚氮等温室气体的排放量也居世界前列。预测表明，到2025～2030年间，我国的二氧化碳排放总量很可能超过美国，居世界第一位；目前低于世界平均水平的我国人均二氧化碳排放量可能达到世界平均水平。由于技术和设备相对落后、陈旧，能源消费强度大，我国单位国内生产总值的温室气体排放量比较高。

我国减排温室气体的潜力受到能源结构、技术和资金的制约。煤是我国的主要能源，在我国一次能源消费中，煤炭约占70%。受能源结构的制约，我国通过调整能源结构来减少二氧化碳排放量的潜力有限。如果近期就承担温室气体控制义务，我国的能源供应将受到制约。同时，因缺少相应的技术支撑，我国的经济发展将受到严重影响。因此，我国的能源结构和减排成本决定了我国不可能过早地承诺减排义务。在相当一段时期内，我国应坚持“节约能源、优化能源结构、提高能源利用效率”的能源政策，但是需要相当的技术和资金作为保证。目前发达国家希望通过“清洁发展机制（CDM）”项目，从发展中国家获得减排抵消额。这将为发展中国家获得新的投资和技术转让带来机遇。

我国党和政府对气候变化问题一直非常重视，早在1986年就成立了国家气候委员会，其职责是参加国际有关组织相应的活动，并在开展气候研究、预报、服务等工作中，负责对外的国际合作、交流，对内起到组织协调的作用，并与各有关部门共同协商、配合工作，充分发挥各有关单位的积极性，使气候科学更好地为国家建设服务。1995年成立了国家气候中心，专门从事气候监测、预测和评价等工作，为我国经济建设和社会发展提供了卓有成效的服务。目前，气候变化与生态环境问题已引起党和政府的高度关注。但是总体来看，迄今为止我国还未把适应与减缓气候变化影响的问题真正提上议事日程，这方面的研究仍十分薄弱和不足。由于全球气候变暖可能给我国自然生态系统和社会经济部门带来难以承受的、不可逆转的、持久的严重影响。因此，应对全球气候变暖的影响，趋利避害，应成为我国实施可持续发展时必须重视的问题之一。需要全面深入研究气候变化对我国自然生态系统和国民经济各部门的影响后果、可采取的适应与减缓措施，并在对其进行成本-效益分析的基础上，提出我国适应与减缓气候变化影响的规划和行动计划。

为了宣传和普及气候和气候变化方面的科学知识，提高公众在全球变化问题上的科学认识，我们组织编撰出版这套《全球变化热门话题》丛书。本套丛书一共18册，由国内相关领域的知名专家撰稿，内容包括以下三方面：一是以大量监测数据为基础，揭示全球变化的若干事实及其在各个分系统中的表现形式；二是以太阳辐射、大气化学、大气物理、环境和生态演变等多学科交叉理论为基础，深入浅出地阐述气候变化的成因；三是以可持续发展理论为指导，提出人类适应和减缓全球变化的各种对策、途径和方法。该丛书的出版，旨在使人们对全球变化有清醒而全面的科学认识，从而更加关注全球变化，并且在更高的层次上、更广泛的范围内认识我国在全球变化中的地位和作用，自觉参与人类社会的共同决策，保护人类赖以生存的地球环境。

国家气候委员会主任
中 国 气 象 局 局 长 秦大河

2003 年 3 月 23 日

# 目 录

# 第一章

# 威胁人类生存环境的荒漠化

当人类步入21世纪之际，回眸20世纪，我们兴奋而自豪地发现，人类在科学技术方面取得了惊人的成果和巨大进步。数字技术、网络通信、人造卫星、太空漫步、核能利用、生物工程、器官移植、克隆技术等，数不枚举。20世纪，人类的财富积累、生活水平提高、社会福利保障等均取得了前所未有的成就。可以毫不夸张地说，20世纪是人类成就最辉煌的世纪、最值得骄傲的世纪。

然而，20世纪又是人为破坏环境最为严重的世纪。在人口和财富迅速增长的同时，人类的生存环境面临着极大的危机。

早在20世纪80年代初，全球气候变暖、臭氧层耗竭及酸雨三大全球性环境问题已初露端倪，进入20世纪90年代，地球荒漠化、海洋污染、物种灭绝等环境问题更是突破了国界，成为影响全人类生存的重大问题。

# 什么是荒漠化?

## 20 世纪的十大环境问题

20 世纪全球的十大环境问题中,土地荒漠化则首当其冲。"荒漠化"被视为地球的"皮肤病"、"溃疡病"、"牛皮癣",是目前国际社会高度关注的重大环境问题之一。

荒漠化不仅威胁到整个人类的生存环境,而且已成为制约全球经济发展和社会稳定的障碍因素。为此,联合国环发大会把防治荒漠化列为《21 世纪议程》的优先行动领域。1994 年签署的《联合国防治荒漠化公约》是环发大会后续行动通过的第一个环境公约。因此,荒漠化防治以其对环境和人类社会实现可持续发展特有的贡献,愈来愈引起国际社会的广泛关注。那么,目前的荒漠化状况如何?荒漠化是如何发生的?在荒漠化过程中人类在多大的程度上对此负责?对人类环境的影响程度如何?荒漠化又将如何发展呢?这些就是本书要讨论的问题。

### 20 世纪全球十大环境问题

**全球气候变暖** 造成全球气候变暖的主要原因是由于人类活动造成大气中 $CO_2$、$CH_4$ 等温室气体的含量在增加。气候变暖的后果是南北极的气温上升,使部分冰山融化,最终导致海平面上升。从 1880 年以来的 100 年,海平面上升了 8cm。气温的升高还将对农业和生态系统带来严重的影响,温室效应将严重威胁着整个人类:海平面将升高,许多人口稠密的地区(如孟加拉国、中国沿海地带以及太平洋和印度洋上的多数岛屿)都将被水淹没。

**土壤遭到破坏,荒漠化程度加剧** 科学家们发现,110 个国家(共 10 亿人口)内的可耕地的肥沃程度在降低,在非洲、亚洲和拉丁美洲,由于森林植被的消失、耕地的过分开发和牧场的过度放牧,土壤剥蚀情况十分严重。人类活动的影响.如过度放牧、耕作、采伐薪材以及气候变暖的共同作用，加快了荒漠化的进程。荒漠化土地不断扩大，全球有 $3.6\times10^9hm^2$ 干旱土地受到荒漠化的直接危害，且还以每年 $6\times10^6hm^2$ 以上的速度增长。

**臭氧层破坏**　20 世纪 70 年代英国科学家首先发现，在地球南极上空的大气层中，臭氧含量开始逐渐减少，尤其在每年 9～10 月减少更为明显，科学家们称之为南极臭氧洞。1989 年科学家们赴北极考察研究发现，北极上空臭氧层也已遭到严重破坏，但程度比南极要轻一些。人类向大气排放的氯氟碳化物和氧化亚氮破坏高空的臭氧。自 20 世纪 50 年代以来的观测表明，高空臭氧有减少的趋势，70 年代以后这种趋势更为明显，特别是在高纬度地区已经形成了臭氧层空洞。臭氧相对集中的臭氧层距地面大约 25km，它能把太阳光中大部分有害的紫外线吸收掉，是地球上所有生命的“保护伞”。臭氧层被破坏的后果是“无形杀手”——紫外线长驱直入，皮肤癌发病率增加。臭氧减少后对植物的影响也很大，许多农作物会因臭氧层破坏而减产。

**酸雨和空气污染**　随着工业发展和化学燃料的大量使用，排入大气中的 $SO_2$、$NO_2$ 等愈来愈多，造成雨、雪、雾、露等呈酸性，统称为酸雨。二战以后，世界各国，特别是发达国家和地区的城市化、工业化、交通运输业迅猛发展，煤炭、天然气、石油燃烧以及金属冶炼等产生的 $SO_2$、$NO_2$ 大量排入空气中，经过复杂的大气物理和大气化学过程最终转化为硫酸和硝酸等，与水汽或雨雪相遇，形成酸雨降落至地面。现在，全世界每年排入大气中的硫化物和氮氧化物高达 $3\times10^7$ t，有些烟雾大都经过高烟筒排放，在大气环流的作用下可以漂洋过海，到达几千千米之外. 因而酸雨又被称为“跨国界的恶魔”。目前，酸雨已成为世界上最严重的环境问题之一。酸雨的危害主要是破坏森林生态系统，改变土壤性质与结构，抑制土壤中有机物的分解. 使土壤贫瘠，植被破坏，影响植物的发育；其次是破坏水生生态系统，酸雨落在江河中. 造成大量水生动植物死亡。由于水源酸化致使金属元素溶出，对饮用者的健康产生有害影响；此外，酸雨还会腐蚀建筑物。

**海洋污染和海洋的过度开发**　全世界 60% 的人口挤在离大海不到 1000 km 的地方，沿海地区受到了巨大的人口压力，这种人口拥挤状况正使非常脆弱的海洋生态失去平衡。由于人类不断向大海排放污染物，大量建设海上旅游设施……近年来发生在近海水域的污染事件不断增多。海洋污染主要有原油泄漏污染、漂浮物污染和有机化合物污染及赤潮、黑潮等。全世界 1/3 的沿海地区（在欧洲是 80% 的沿海地区）遭到了破坏。其次是过度捕捞造成海洋渔业资源正在以令人可怕的速度减少。在某些海域，由于大量捕捞，某些特有的鱼种，已达灭绝的程度。更为糟糕的是过度捕捞严重影响海洋生产力和生物多样性、海洋生态系统遭到严重破坏。

**生物多样性破坏** 物种灭绝是自然现象,在过去的两亿年中,每27年中才有一种植物从地球上消失,每世纪有90多种脊椎动物灭绝。由于城市化、农业发展、森林减少和环境污染,自然生态区域变得越来越小了,导致了致以千计的物种绝迹,生物多样性正以前所未有的速度减少;据估计目前世界平均每天有一个物种消失,现在物种灭绝的速度是自然灭绝速度的1000倍;20世纪末世界上已有1/10的物种消失,生物多样性的丧失已成为人类面临的全球范围内的环境问题。

**森林面积的锐减** 全球每年有$1.2\times10^7hm^2$的森林消失,特别是热带雨林的减少明显。最近几十年以来,热带地区国家森林面积减少的情况十分严重。在1980～1990年,世界上有$1.5\times10^6km^2$森林(占全球总面积的12%)消失了,照此速度,40年以后,一些东南亚国家就再也见不到一棵树了。热带雨林不断减少的后果是$CO_2$浓度的增加,异常气候的出现和生物物种的减少。而灾害频繁如洪水肆虐、沙尘暴都与森林面积减少有直接的关系。

**有害废物的越境转移排放** 工业带给人类的文明曾令多少人陶醉,但同时带来的数百万种化合物存在于空气、土壤、水、植物、动物和人体中,即使作为地球上最后的大型天然生态系统的冰盖也受到了污染。那些有机化合物、重金属、有毒产品,都集中存在于整个食物链中,并最终将威胁到人类的健康,引起癌症,导致土壤肥力减弱。有毒有害废弃物使自然环境不断退化,土壤和水域不断被污染,垃圾处置场地越来越少。

**淡水的短缺和匮乏** 目前,获取淡水和使用清洁的淡水已经被认为是最需要引起重视的环境问题之一。1950年仅有20个国家的2000万人面临缺水问题,而1990年则有26个国家的3亿人受到淡水短缺的困扰。据预测,到2025年将有40多个国家中占30%的人口受到水资源短缺的影响,到2050年,将有65个国家的约占全球60%的人口将面临淡水危机。淡水短缺,将会造成人们对水资源的竞争,必然引起更多的国与国之间甚至是国内各地方之间的冲突与争端。

**混乱无序的城市化** 随着城市数量的迅速增加,城市发展规模也越来越大。人口密集、工厂林立、交通运输等造成城市严重的环境污染与生态破坏。城市化使水泥、沥青等人工建筑代替了土壤、草地、森林等自然地面,影响了大气的物理状况,产生城市热岛效应,城市中心往往成为空气污染最严重的地方。由于城市工业及交通运输业多以化学燃料作为主要能源,大气中$CO_2$、$SO_2$随着光化学烟雾污染日趋严重。城市化减少了地表水的渗透,地下水得不到足够的补充,破坏了自然界的水循环。加之城市化导致耗水量增加,很多城市超量开采地下水,造成地下水位下降、泉水干涸、地面下沉。如上海市的累积沉降幅度已达2.63m。城市生活、工业、交通、运输以及其他服务业排放的污染物对水环境造成严重污染。

20 世纪 60 年代末至 70 年代初期(1968～1973),非洲西部持续 6 年的特大干旱,使西非尼日尔、马里、上沃尔特、毛里塔尼亚以及乍得、肯尼亚等国的耕地全部龟裂,成为不毛之地,地下水位下降,在撒哈拉地区 $5\times10^6$km 范围内比较深的水井涸干无滴水,对这些农业及国民经济造成极大的威胁,由此产生大批难民,成为全球关注的严重环境问题。为此联合国大会于 1973 年决定成立联合国苏丹－撒哈拉办事处(UNSO)。随着撒哈拉地区问题的性质和原因逐渐明朗,认为干旱并不是众多灾害的唯一原因,这样需要一个比干旱更为广泛的概念来描述环境退化的多方面影响,从此荒漠化(Desertification)一词被广泛应用。随着荒漠化问题日益加剧,联合国大会在 1975 年以 3337 号决议,通过了向荒漠化进行斗争的行动计划(Plan of Action to Combat Desertification,简写成 PACD),并在 1977 年 8～9 月在肯尼亚首都内罗毕召开了首次联合国荒漠化会议(United Nations Conference on Desertification,简写成 UNCOD)。1982 年联合国环境规划署在纪念斯德哥尔摩人类环境宣言十周年报告中又强调指出:荒漠化在这 10 年内(1972～1982)仍是一个严重问题,它摧毁了土地生产力,使许多肥沃的土地日渐衰退。

从 1977 年联合国召开荒漠化问题会议正式将荒漠化作为一个环境问题提出,到联合国荒漠化会议以来的第 7 年,按照 1977 年荒漠化会议的决议,要进行一次评估,为此联合国环境规划署在 1984 年十二届环境理事会中专门召开特别会议,提出总评报告,认为:

①荒漠化问题的规模及紧迫性是确定无疑的。1977 年以来,虽在荒漠化防治方面做出了努力,但荒漠化及其防治是环境与发展全球问题中影响面最大和最为紧迫的问题之一。当前人类对荒漠化的问题已基本有了共识,即荒漠化是发生在干旱、半干旱及亚湿润干旱地区的土地退化,类型包括风蚀荒漠化(沙漠化)、水蚀荒漠化(水土流失)、盐渍化。生产上表现为农田退化、草场退化、森林

退化等生产力衰退。荒漠化的最终结果是土地生产潜力的丧失，人类生存条件的丧失。荒漠化仍在继续蔓延和恶化，治理效果不显著；

②退化到类似荒漠条件的土地，继续以每年 $6\times10^6hm^2$ 的速度在增加，完全丧失生产力的土地正在以每年 $2\times10^7\sim2.1\times10^7hm^2$ 的速度增加；

③受到中等程度荒漠化影响的土地，旱农地为 $3.35\times10^8hm^2$，灌溉农地为 $0.4\times10^8hm^2$，牧地为 $3.1\times10^9hm^2$；

④受荒漠化影响地区的农村人口在 1977 年为 5700 万人，现在增加到 13500 万人；

⑤到 2000 年预测，牧地荒漠化将继续以现有速度增长，旱农耕地将加剧到危险的程度，灌溉农区的荒漠化程度有可能保持稳定；

⑥由荒漠化而损失的费用，估计约 5 倍于防治的费用。

基于这种评估，可以看出荒漠化过程的行径在各种自然的、生物的、社会经济等诸参数的变化中都可以得到反映。这些变量也就成为荒漠化的指征，它包括：沙丘及片状流沙的发展，牧场的退化，旱地农作物生产量及潜力的衰退，灌溉农地的盐渍化和水渍化，森林及植被的破坏，地下水和地表水质量的退化。这些指征实际上也是对 1977 年荒漠化定义的具体补充。

1990 年 2 月联合国环境规划署在内罗毕举行了荒漠化评估的特别顾问会议，总结了 1977 年以来荒漠化的现状和发展趋向，提出了一个新的定义："荒漠化是由于人类的逆影响（作用）而造成的干旱、半干旱及干燥的半湿润地区的土地退化。"这个定义首先明确了荒漠化本身就是一个土地退化的过程，因而荒漠化土地就是退化的土地，是指土地的植物量减少，土地载畜能力下降，农作物单位产量降低，土地生产力丧失，从而使人类获得生存机会减少的土地。

这个定义就比以往笼统的所谓类似荒漠条件的发生与加强更

为明确,同时也明确了它不是一般的土壤变化。在地区范围上,也不限于极端干旱、干旱及半干旱地区。不仅如此,而且在土地退化的指征上简明扼要地明确了在脆弱生态条件下人为过度活动下的营力过程是:

①流水侵蚀作用。其所形成的荒漠化土地占退化土地面积的45.1%;

②风力作用(侵蚀和堆积)。其所形成的荒漠化土地占退化土地面积的41.7%;

③化学作用(指营养物质衰竭,盐渍化等);

④物理作用(指碱化、水渍化等)。其所形成的荒漠化土地占退化土地面积的3.5%。

这些指征的具体化,也为监测、评估荒漠化,编制荒漠化地图奠定了基础,1993年6月联合国环境规划署专门为荒漠化国际公约政府间第一次谈判委员会会议编制了一幅干旱土地退化图,便是在这种指导思想下所编制的,是人为过度活动与脆弱生态条件下营力过程相结合的一个代表.也包括了环境规划署1992年组织各国专家编制的《荒漠化世界地图集》。1992年6月联合国在巴西里约热内卢召开的环境发展大会上对1990年联合国环境规划署所提出的上述定义又进行补充,提出了“**荒漠化是由于气候变化和人类活动等因素所造成的干旱、半干旱和干燥半湿润地区的土地退化**。”这一定义又进一步重申“荒漠化是土地退化”,并且补充了气候变化的因素,这里所指的气候因素,主要是干旱的影响,是指1~2年或在更多年份内雨量低于多年平均值的情况,或是一个干旱时期持续达10年之久的干旱化,其干旱程度的变化可以加速或延缓荒漠化的进程。这一定义不仅在环境发展大会上为各国所接受,而且在荒漠化国际公约的政府间谈判委员会上也接受作为制定荒漠化国际公约的共同认识基础,而拟作为国际公约的荒漠化定义。

这个定义中所提及的人类活动,还包括了两重意义:

一是不合理的土地利用，环境规划署在分析全球荒漠化的人为因素中，指出过度放牧占退化土地面积的 34.5%，森林破坏占 29.5%，不适当的农业利用占 28.1%，其他（如工矿开发等）占 7.9%；

二是指高的人口增长率（每年超过 3.0%～3.5%）和急剧的城市化速率（每年 8%～10%），人口的增长和向城市的大量集中，增长了对生产的要求，增加了对现有生产性土地的压力，其结果使土地荒漠化发生发展，因而在当前讨论荒漠化问题时，非常注意荒漠化的发生发展和社会经济的关系。在第一次政府间关于荒漠化国际公约的讨论中，还专门将社会经济方面的问题作为专题讨论中的一个内容。

由上所述，可见 1992 年环发大会上关于荒漠化的新定义，比以往的定义不仅简单明了，而且主题明确，因而也就容易为各国所接受。从 1977 年联合国正式将荒漠化作为一个环境问题，到 1992 年 12 月联合国大会第 47/188 号决议要求制定荒漠化防治国际公约经过了 15 年的时间。这 15 年来一方面随着土地荒漠化的日益蔓延，从 1984 年的 $3.475\times10^9hm^2$ 增加到 1991 年的 $3.592\times10^9hm^2$，已影响到一些地区人民的生存环境。另一方面随着对荒漠化问题认识的逐步深入，对其概念、范围也愈来愈明确，使它不再停留在学术界对其定义的争论，而是作为“保护土地，为了我们的生存”的一个现实问题而需要世界各国广泛合作的一个 21 世纪议程项目。为签订荒漠化防治国际公约，联大设立了一个荒漠化国际公约政府间谈判委员会，已在 1993 年 5 月 24 日至 6 月 3 日在内罗毕举行过第一次会议，随后又举行 4 次会议，并于 1994 年 6 月正式在巴黎签订国际公约。

## 荒漠化与沙漠化

提起荒漠化，人们的一个直感就是沙漠化。在我国的西部，建有供人们娱乐的“沙漠公园”，在那里人们可以在高高的沙堆上滑沙嬉戏。而在回味之时，往往认为沙漠离我们尚远，荒漠仅仅是西部地区的局域性环境恶化。殊不知，荒漠化和沙漠化有着区别，荒漠化的发生也不仅仅发生在西部，它的危害正在逼近我们。

“荒漠”与“沙漠”是两个不同的概念。关于二者区别，吴正在《风沙地貌学》一书中定义为：荒漠(desert)是指气候干旱、降雨稀少且多变，植被稀疏低矮，土地贫瘠的自然地带，意为“荒凉”之地。荒漠有石质、砾质和沙质之分。石质和砾质的荒漠土地称为戈壁，而沙质的荒漠才称为沙漠(sandy desert)。由此看来，荒漠的内涵比沙漠丰富，外延比沙漠大。

“沙漠化”是国内应用的概念，其提出远早于“荒漠化”。早在1941年，葛绥成就明确提出了沙漠化概念并论述了其成因；1951年陶克的《陕北沙漠现状》也有论述。长期以来，国内使用较多的是“土地沙化”、“土壤沙化”、“沙化”、“风沙化”与“风蚀沙化”等概念。1977年后，朱震达等人根据联合国荒漠化大会的定义，指出：Desertification一词的含义系指荒漠化，在我国由于传统和习惯的原因校译成沙漠化。实质上沙漠化是沙质荒漠化，是荒漠化中的一种类型，是狭义的概念。可见，我国以往所说的沙漠化所包含的内容较今天的荒漠化单一、其范围也较小。虽然国际上使用“荒漠化”概念和国内曾经使用“沙漠化”概念已成共识，但仍有不同的专家学者对其含义给予了不同的解释，出现了类型繁多、各有例证的定义，争论较大。尽管如此，为了和国际荒漠化研究接轨，我国政府的有关文件中正式使用荒漠化一词。

我们只要回顾一下对荒漠化问题的认识就会发现，对荒漠化的认识经历了15年之久的过程。

从1949年奥布立维尔(A. Aubreville)对非洲热带草原退化为类似荒漠的环境变化第一次称为“荒漠化”以来，到1977年联合国召开荒漠化会议以前，其概念一般仅局限于沙质荒漠的沙丘前移，固定沙丘(沙地)的活化，没有把荒漠化与环境退化联系起来。1977年联合国荒漠化会议明确地指出：“荒漠化是指土地滋生生物潜力的削弱和破坏，最后导致类似荒漠的情况，它是生态系统普遍恶化的一个方面。”而且还补充强调了土地对荒漠化过程的脆弱性，指出：“某种生态系统对荒漠化的内在易感性，是由它当前的气候、地貌、土壤和植被等条件决定的。这种内在的脆弱性和人类活动影响是分不开的。”从这一概念出发，在联合国环境规划署、粮农组织、教科文组织、世界气象组织等所编的 1/2500 万世界荒漠化地图上，把土地荒漠化的内容概括为：

①发生流沙移动的地区；

②多石的和岩质表面遭受风蚀或大片冲刷而剥蚀的地区；

②土壤遭受剥蚀和加速形成侵蚀间的地区；

④地表盐碱化的地区。

综上所述，可见“荒漠化”绝对不是传统的所谓沙漠边缘沙丘前移和固定沙丘活化所造成沙质荒漠的扩大及沙质荒漠程度的加强。也不是沙漠自然形成发展过程中某一发展阶段的纯自然过程，更不是含糊其词的所谓沙漠化是一个长期的环境过程。它既包括非沙漠环境向沙漠环境或类似沙漠环境的转移，也包括沙质环境进一步恶化两个方面的问题。澄清这些看法将使我国荒漠化的认识和研究走向一个新的阶段。

一般地说，荒漠化产生的原因是多方面的，它是包括自然、社会、经济乃至政治等多因素等综合作用的结果。人为活动过度、自然条件严苛，沙漠化越易于产生，同时人口增多，社会经济条件不发达也促使荒漠化向更严重的方向发展。

荒漠是指气候干旱、降水稀少、蒸发大于降水、植被稀疏低矮、土地贫瘠区域的自然景观。荒漠按地表组成物质可分为：岩石裸露、剥蚀形成的岩漠；风蚀形成的由碎石或卵石覆盖的砾漠（戈壁）；淤积堆积经风力作用形成的泥漠和盐漠；风蚀风积形成的沙质荒漠（沙漠）；及位于高寒地带由于低温所致的植被稀少的寒漠。此外，在半干旱干草原地带，也有大面积被沙丘所覆盖的沙地，因其性质（尤其在地貌上）与沙质荒漠相类似，亦有人将此类沙地泛称为“沙漠”，如我国的毛乌素沙地(沙漠)，科尔沁沙地(沙漠)等。

干旱区一般是指降雨稀少，年降雨量小于蒸发量，因而“缺水”，不能正常维持一般作物或植物生长的地区。广义的干旱区包括极端干旱、干旱和半干旱三个类型。我国国内多采用干燥度作为划分的指标，采用 $K = E/r = 0.16\sum t$ 的计算公式。在此：$K$ 为干燥度，$E$ 为可能蒸发量($= 0.16\sum t$)，$\sum t$ 为平均温度 $\geqslant 10$℃ 以上的持续积温，$r$ 为同期的降水量。据此，当 $K = 1.0 \sim 1.5$ 时，为半湿润气候，自然景观为森林草原与草甸草原；当 $K = 1.5 \sim 2.0$ 时，为半干旱气候，景观为草原；当 $K = 2.0 \sim 4.0$ 时，为干旱气候，景观为荒漠草原；当 $K > 4$ 时，为极干旱气候，景观为荒漠。

我国由于受传统习惯等多方面影响，常用“沙漠”一词来泛称西北地区的“荒凉之地”，这样使得“沙漠”有广义和狭义两种说法，狭义的沙漠指沙质荒漠(sandy desert)，广义的沙漠实际就是荒漠。对于中文沙漠化一词，早在 1951 年陶克的“陕北沙漠现状”一文中就有论述。在此基础上，对英文 Desertification 一词，在 20 世纪 90 年代以前的文献中，多被译成“沙漠化”，并且已“约定俗成”。即主要针对“沙子”做文章(李孝芳 1988)，或者说仅采用了狭义的沙质荒漠化概念，并认为：沙漠化是干旱、半干旱地区(包括部分半湿润地区)在干旱多风和疏松沙质地表条件下，由于人为的过度土地利用等因素，破坏了脆弱的生态平衡，使原非沙漠地区出现了以风沙活动、沙丘起伏为主要标志的类似沙漠景观的环境退化过程，这一过程导致生物生产量的下降和可利用土地资源的丧失(朱震达 1989)。由此可见，在我国以往所说的沙漠化所包含的内容较今天的荒漠化单一，其范围也较小。

英文荒漠化(Desertification)一词 1949 年由法国科学家 A. Aubreville在法属西非热带研究土壤侵蚀时首次使用。他认为：非洲热带森林滥伐与火烧以后，后退了 40～600km 之多。并论述了森林是如何变成热带大草原、热带大草原又如何变成类似荒漠景观的。他指出：农垦、采伐森林、土壤侵蚀交织在一起，导致非洲热带森林土壤和植被遭到破坏，在那里荒漠多少对农业具有明显的威胁，而且在干旱和炎热季节，会进一步呈现热带大草原景观，如果继续忽视其脆弱性，终将导致类似荒漠景观的出现。他把这种退化称之为“荒漠化”。10 年后，法国科学家H. N. Houerou于 1959 年正式提出荒漠化概念，用于表述人类在干旱、半干旱区域内原非荒漠景观的类型因不合理的经济活动而造成的荒漠蔓延。

英文“Desertification”一词的本义是指荒漠化，在中国由于传统或习惯的原因被译成了“沙漠化”，实际上沙漠化只是荒漠化中的一种类型，即“沙质荒漠化”，所以在联合国文件中的一些中译本中所提到的“沙漠化”实际上是指“荒漠化”，它具有更深刻的含义。土地荒漠化是当前世界上一个重要的环境问题，1977 年联合国荒漠化会议正式提出了这个令人注目的问题。并指出：每年全球有 $5\times10^4\sim7\times10^4km^2$ 土地成为荒漠化土地，预计到 20 世纪末，全球将损失 1/3 的可耕地。同时荒漠化还在继续发展，所以 1992 年 6 月联合国在巴西里约热内卢召开的国际环境与发展大会上把它作为 21 世纪全球环境重要问题列入议程。1993 年 5 月 24 日至 6 月 3 日已在内罗毕举行了第一次荒漠化国际公约政府间谈判会议。1993 年 9 月 13～24 日在日内瓦举行了第二次会议。根据这两次会议的资料，荒漠化影响到全球大约 9 亿的人口 100 余个国家和 $36\times10^8hm^2$ 的土地，占世界陆地面积的 1/4。是一个具有全球性影响的环境问题，而且还在发展中，从 1984 年的 $34.75\times10^8hm^2$ 增加到 1991 年的 $35.92\times10^8hm^2$，即增加了 3.4%。其结果，不仅使荒漠化地区人民生活普遍贫困，还使总面积为 $33\times10^8hm^2$ 的放牧地退化，占旱地面积 47%的旱作农地土壤肥力下降和占旱地面积 30%的灌溉农地退化，因此它已成为脆弱生态系统管理中的一个重要的项目，从而为联合国所重视。1977 年的联合国荒漠化会议不仅分析了荒漠化的现状及其严重性，在环境问题上敲起了警钟，而且也发展了学科，特别提出了“气候与荒漠化”，“荒漠化与生态化”，“人口社会与荒漠化”和“技术与荒漠化”的四个专题报告，认为荒漠化乃是土地的生产潜力衰退与破坏，最终导致出现类似荒漠化景观的生态系统退化过程。在为荒漠化会议所准备的1∶2500万的世界荒漠化情况图（联合国环境规划署、粮农组织、教科文组织和世界气象组织编辑）上把发生流沙移动的、遭受风蚀或大片冲刷的多石的和多岩质表面、土壤遭受侵蚀和加速形成侵蚀沟的和地表盐碱化等都包括在内，并且认为：荒漠化的过程是“荒漠性条件强化或扩展，是一种导致生物性生产力下降的过程，其后果是植物量的减少，土地栽育能力下降，作物单位面积产量降低和人类获得利益机会的减少”。

会议以后，有不少科学家提出了各自的看法，补充和充实了荒漠化的定义，如B.T.罗扎诺夫和N.C.佐恩认为，荒漠化是干旱土地的土壤和植被向着干旱化和生物生产力衰退方向发展，而且是不可逆的过程，在极端情况下，这种过程可能导致生物潜力的完全破坏并使土地变为“荒漠”，他们对上述定义予以说明，如“不可逆变化”是指一种不能自然逆转而言，只有在人类进行干预活动之后，经过较长的自然过程，才能使土壤或植被恢复到原有状态的变化。“干旱土地”是指热带亚热带或温带干旱半干旱或季节性干旱的半湿润气候下的土地。“荒漠”是指一种几乎完全没有植被和良好土壤发育的土地。“生物生产量”是指生物量的年产量，以$t \cdot hm^{-2} \cdot a^{-1}$为单位。“土壤旱化”是指土壤供给植物有效水分能力趋向于减少的变化。“植被的干旱化”是指降低植被密度和生物生产量的情况下，旱生植物种增加的现象，并且强调了只有通过植被的干旱化和土壤干旱化两个相关参数的定量数据才能判断荒漠化过程的存在及其严重的程度，因而这两个方面也就作为荒漠化的指标。H.E.德列格尼还认为：“荒漠化是干旱半干旱区和某些半湿润区生态系统的贫瘠化，这种贫瘠化是由于人为活动和干旱所共同影响的结果，因此荒漠化的变化过程可以通过优良植物生产力的下降、生物量的变化、微小和巨大的动物区系的变化和土地的退化等方面加以测定，因而荒漠化并不仅指那些什么都不生长的完全被人类毁灭的土地。”

从 1977 年联合国荒漠化会议到 1991 年进行总评估的 10 余年来，所有对荒漠化的研究归纳起来，其共同认识是：

①都认为荒漠化是干旱、半干旱及部分半湿润地区生态系统的退化，环境发生了类似荒漠景观的土地退化过程，它不是原生沙漠扩大的自然过程；

②都认为荒漠化过程有明显的指标，这种指标虽还存在着不同的看法，然而对风蚀和沙丘的活动，流水侵蚀，盐渍化和水渍化等四个方面有着较为一致的认识；

③都认为荒漠化所涉及的问题既有自然科学方面的，又有社会经济科学方面的，所以它本身就是一门新的学科，是边缘学科，具有地理学与生物学、生态学与农林科学等学科相互交错的性质。而从其研究范畴和学科性质来说应是环境科学中的一个新的领域。

基于上述共同的认识，经过 15 年的实践，已逐渐形成了荒漠化研究的独特学科领域及研究现象，它是“在脆弱生态条件下环境如何退化成为荒漠化土地，而荒漠化土地又如何进行防治的科学”。概括地说，荒漠化和沙漠化土地的共同特点是：

①荒漠化和沙漠化的发生过程都是人为不合理生态系统之间的不相适应的过程，是人为活动破坏脆弱生态平衡的结果；

②人为过度经济活动和脆弱的生态平衡为荒漠化发生的必备条件，凡是具备上述条件的地方都有荒漠化发生的可能，因此它并不局限于某一地区。特别在两种生态系统相接壤地区（如农收交错地带等）荒漠化发生的可能性最大；

③荒漠化景观的差异是由不同的外营力作用于不同物质组成的地表所决定的。诚如前面所提及的“劣地”乃是流水侵蚀作用于土状堆积物及风化壳地区的荒漠化景观形态。而风蚀地及沙丘的形成乃是风力作用于沙质沉积物地表的产物；

④不论是何种景观的荒漠化土地，但最终的标志是土地生产力的衰退，土地资源丧失，如在不积极采取治理措施的情况下，缺

乏自我逆转的可能性；

⑤荒漠化的发生过程都是以人类活动破坏地表植被为其突破口，因此在脆弱平衡的生态系统中，地表植被的保护很是重要。概括地讲，土地荒漠化是由于人为不合理的经济活动，破坏了脆弱的生态平衡，使原非荒漠化的地区出现类似荒漠景观，导致土地生产力破坏的土地退化过程。

上述这些特点，无疑是对荒漠化问题认识的提高与发展，因而也就受到国际社会的重视。按照荒漠化问题研究现状和趋势，联合国环境规划署进行了全球土地荒漠化的新的评估，结果表明：

①全球因荒漠化影响的土地面积为 $3.592\times10^{9}hm^{2}$（不包括全系自然因素所形成的沙质荒漠、砾质荒漠及石质荒漠如鲁布哈利，内夫得，撒哈拉，纳米比亚和塔克拉玛干沙漠等），其中退化的灌溉土地为 $4.3\times10^{7}hm^{2}$，旱作农地为 $2.16\times10^{8}hm^{2}$，退化草场为 $7.57\times10^{4}hm^{2}$（土壤与植被均发生退化），退化的牧地（植被退化，土壤退化不显著）为 $2.576\times10^{9}hm^{2}$，其中分布在发达国家的占退化土地的 25.7％，分布在发展中国家的占退化土地的 74.3％。

②按其发生的营力过程来说，由于流水侵蚀所造成的荒漠化和由于风蚀（包括流沙堆积）所造成的荒漠化土地面积合计占退化土地总面积的 86.8％，也就是说土地荒漠化主要是由这两种营力造成的。此外，由于化学作用所造成的退化土地面积占退化土地的 9.7％，物理作用所造成的退化土地占退化土地的 3.5％。

③按地区分布来说，风蚀（包括流沙堆积）主要在非洲，占全球风蚀退化土的 36.9％，其次为亚洲占 35.4％，再次为欧洲占 8.9％。水蚀主要在亚洲占水蚀退化土地的 33.6％，其次为非洲占 25.4％，再次为大洋洲占 14.8％。化学作用所造成的土地退化主要在亚洲占化学退化土地的 49.9％，其次为非洲占 26.3％。物理作用所造成的土地退化，主要在非洲，占物理退化土地的 40％，其次为亚洲占 27.6％，欧洲又次之，占 24.7％。由此可见在全球荒漠化土地中流水侵蚀所形成的退化土地占首位，风蚀占第二位。

④从荒漠化分布地区的土地利用情况来看，由于人为因素所造成的 $1.016\times10^9 hm^2$ 退化土地中，灌溉土地退化（盐质化及水质化）占人为因素所造成退化土地的 4.23%，旱作农地退化占人为因素所造成退化土地的 21.3%，牧地退化占人为因素所造成退化土地的 74.47%。

不难看出，在过去出现过这样的模糊认识，即把干旱、半干旱和半湿润干旱区等同与荒漠化区域。例如许多著作所叙述的，中国荒漠化面积达到 $3\times10^6 km^2$，甚至说占国土的一半，就是混淆了荒漠化发生区域和已经荒漠化的概念。

## 世界荒漠化地图集

荒漠化新定义不仅是理论上的飞跃，而且有利于实践上的应用。《世界荒漠化地图集》的编辑出版就是一个实例。这个图集是在联合国环境规划署主持下，由荒漠化防治方案活动中心组织，全球环境监测系统、全球资源信息和环境规划署荒漠化防治科学顾问组成员共同合作编制而成。

图集的特点：

①全球性：提供出全球气候变化、退化土地的分布、退化的严重程度及成因，并提供了一系列有关这些内容的数值；

②以非洲大陆为例，分析了形成荒漠化土地的原因、程度和植被、人口的关系，反映出因荒漠化而造成的土地退化，不仅是在赤道以北的撒赫勒地区和北非的地中海沿岸地区与撒哈拉沙质荒漠之间的地区，还包括了赤道以南的热带疏树草原及南部非洲地区，合计占非洲退化土地面积的 29.9%；

③以各洲的典型地区为例，反映出荒漠化是全球普遍性的环境问题，这些典型区包括：中国、叙利亚、阿根廷、肯尼亚、马里、突尼斯和前苏联咸海周围地区。

这个图集不仅从宏观上提供了因荒漠化而造成退化土地的形成、分布规律，同时也反映了人口密度与荒漠化关系，明确说明了土地退化严重地区并不是在人口稀少的 7 大沙质荒漠地区，而是在人口密度中等（25～1000 人/$hm^2$），有土地生产潜力的脆弱生态地区。在这些地区任何过度开发利用，即可引起土地荒漠化的发展。

# 全球荒漠化土地的面积及其分布

## 世界干燥区内各大洲荒漠化土地总面积（$\times 10^6 hm^2$）

| 区域 | 灌溉土地 | | | 旱作土地 | | | 草地 | | | 合计 | | |
|---|---|---|---|---|---|---|---|---|---|---|---|---|
| | 面积小计 | 荒漠化 | | 面积小计 | 荒漠化 | | 面积小计 | 荒漠化 | | 面积小计 | 荒漠化 | |
| | | 面积 | % | | 面积 | % | | 面积 | % | | 面积 | % |
| 非洲 | 10.42 | 1.19 | 18 | 79.82 | 48.86 | 61 | 1342.35 | 995.08 | 74 | 1432.59 | 1045.84 | 73 |
| 亚洲 | 92.02 | 31.81 | 35 | 218.17 | 122.58 | 56 | 1571.24 | 1187.61 | 76 | 1881.43 | 1311.70 | 70 |
| 大洋洲 | 1.87 | 0.25 | 13 | 42.12 | 14.32 | 34 | 657.22 | 361.35 | 55 | 701.21 | 375.92 | 54 |
| 欧洲 | 11.90 | 1.91 | 16 | 22.11 | 11.85 | 54 | 111.57 | 80.52 | 72 | 145.58 | 94.28 | 65 |
| 北美洲 | 20.87 | 5.86 | 28 | 74.17 | 11.61 | 16 | 483.14 | 411.15 | 85 | 578.18 | 428.62 | 74 |
| 南美洲 | 8.42 | 1.42 | 17 | 21.35 | 6.64 | 31 | 390.90 | 297.75 | 76 | 420.67 | 305.81 | 73 |
| 合计 | 145.50 | 43.15 | 30 | 457.74 | 215.56 | 47 | 4556.42 | 3333.46 | 73 | 5159.66 | 3562.17 | 59 |

## 世界干燥区内各大洲灌溉地区的荒漠化土地面积（$\times 10^3 hm^2$）

| 区域 | 灌溉土地总面积 | 荒漠化土地 | | | | | |
|---|---|---|---|---|---|---|---|
| | | 轻度和非荒漠化 | 中度 | 强度 | 极强度 | 中度以上合计 | 荒漠化土地百分率 |
| 非洲 | 10424 | 8522 | 1779 | 122 | 1 | 1902 | 18 |
| 亚洲 | 92081 | 60208 | 24335 | 5788 | 1690 | 31813 | 35 |
| 大洋洲 | 1870 | 1620 | 100 | 130 | 20 | 250 | 13 |
| 欧洲 | 11898 | 9993 | 1340 | 460 | 105 | 1905 | 16 |
| 北美洲 | 20867 | 15007 | 4930 | 730 | 200 | 5860 | 28 |
| 南美洲 | 8415 | 6998 | 1047 | 310 | 60 | 1417 | 17 |
| 合计 | 145495 | 102348 | 33631 | 7540 | 2076 | 43147 | 30 |

## 世界干燥区内各大洲草原地区的荒漠化土地面积（$\times 10^3 hm^2$）

| 区域 | 草原总面积 | 荒漠化土地 | | | | | |
|---|---|---|---|---|---|---|---|
| | | 轻度和非荒漠化 | 中度 | 强度 | 极强度 | 中度以上合计 | 荒漠化土地占地百分比 |
| 非洲 | 1342345 | 347265 | 273615 | 716210 | 5255 | 995080 | 74 |
| 亚洲 | 1571240 | 383630 | 485211 | 691602 | 10787 | 1187610 | 76 |
| 大洋洲 | 657223 | 295873 | 277040 | 55310 | 29000 | 361350 | 55 |
| 欧洲 | 111570 | 31058 | 27372 | 51937 | 1208 | 80517 | 72 |
| 北美洲 | 483141 | 71987 | 116102 | 284858 | 10194 | 411154 | 85 |
| 南美洲 | 390901 | 93147 | 88007 | 184431 | 15316 | 297754 | 76 |
| 合计 | 4558420 | 1222955 | 1267357 | 1984348 | 71760 | 3338465 | 73 |

**世界干燥区内各大洲旱作地区的荒漠化土地面积（×$10^3hm^2$）**

| 区域 | 旱作农田总面积 | 荒漠化土地 | | | | | |
|---|---|---|---|---|---|---|---|
| | | 轻度和非荒漠化 | 中度 | 强度 | 极强度 | 中度以上合计 | 荒漠化土地占地百分比 |
| 非洲 | 79822 | 30959 | 43187 | 5163 | 523 | 48863 | 61 |
| 亚洲 | 218174 | 95890 | 100638 | 18578 | 3068 | 122284 | 56 |
| 大洋洲 | 42120 | 27800 | 13900 | 400 | 20 | 14320 | 34 |
| 欧洲 | 22106 | 10252 | 8536 | 3227 | 89 | 11854 | 54 |
| 北美洲 | 74169 | 62558 | 10770 | 721 | 120 | 11611 | 16 |
| 南美洲 | 21346 | 14711 | 5950 | 561 | 124 | 6635 | 31 |
| 合计 | 457737 | 242170 | 182983 | 28640 | 3944 | 215567 | 47 |

**世界干旱区内不同气候带和不同洲的土地退化面积（×$10^6hm^2$）**

| 区域 | 干燥湿润地区 | | 半干旱地区 | | 干旱地区 | | 极端干旱地区 | | 合计 | |
|---|---|---|---|---|---|---|---|---|---|---|
| | 面积 | % | 面积 | % | 面积 | % | 面积 | % | 面积 | % |
| 非洲 | 37.3 | 13.9 | 109.5 | 21.3 | 172.5 | 34.2 | 35.0 | 5.3 | 355.4 | 81.1 |
| 亚洲 | 78.3 | 16.2 | 141.4 | 20.4 | 150.7 | 24.1 | 64.0 | 23.0 | 434.4 | 82.3 |
| 大洋洲 | 4.8 | 9.2 | 33.9 | 11.0 | 48.9 | 15.1 | 0.0 | 0.0 | 87.6 | 13.2 |
| 欧洲 | 61.3 | 33.4 | 33.4 | 31.8 | 4.8 | 43.2 | 0.0 | 0.0 | 99.5 | 33.2 |
| 北美洲 | 18.3 | 7.8 | 53.3 | 12.8 | 8.5 | 9.7 | 0.0 | 0.0 | 80.2 | 10.9 |
| 南美洲 | 23.6 | 11.5 | 48.4 | 18.1 | 7.5 | 16.9 | 0.1 | 0.0 | 81.2 | 15.0 |
| 合计 | 223.6 | 17.3 | 419.4 | 18.2 | 393.0 | 25.0 | 101.8 | 10.4 | 1138.3 | 18.3 |

**世界干旱区内不同类型、不同程度的土壤退化面积（×$10^6hm^2$）**

| 程度 | 水蚀 | 风蚀 | 化学过程的荒漠化 | 物理性的荒漠化 | 合计 |
|---|---|---|---|---|---|
| 轻度 | 17.1 | 197.2 | 44.3 | 10.8 | 427.3 |
| 中度 | 208.5 | 215.4 | 31.4 | 15.0 | 470.3 |
| 强度 | 79.0 | 18.0 | 24.2 | 8.9 | 130.1 |
| 极强度 | 4.8 | 1.8 | 0.8 | 0.0 | 7.5 |
| 合计 | 467.4 | 432.4 | 100.7 | 34.7 | 1035.2 |

**世界干旱区内不同类型土壤退化的面积(×10⁶hm²)**

| 程度 | 干燥半湿润地区 | | 半干旱地区 | | 干旱地区 | | 极端干旱地区 | | 合计 | |
|---|---|---|---|---|---|---|---|---|---|---|
| | 面积 | % | 面积 | % | 面积 | % | 面积 | % | 面积 | % |
| 非荒漠化土地 | 1071.2 | 82.7 | 1886.0 | 81.8 | 1176.8 | 74.1 | 876.4 | 89.6 | 5010.4 | 87.5 |
| 水蚀 | 141.0 | 10.9 | 213.2 | 9.3 | 113.3 | 7.1 | 10.9 | 1.1 | 478.4 | 7.8 |
| 风蚀 | 46.8 | 3.6 | 150.3 | 6.5 | 253.3 | 16.0 | 80.0 | 8.2 | 512.4 | 8.3 |
| 化学过程的 | 22.5 | 1.7 | 40.9 | 1.8 | 37.3 | 2.4 | 10.8 | 1.1 | 111.5 | 1.8 |
| 物理过程的 | 13.2 | 1.0 | 15.1 | 0.7 | 6.5 | 0.4 | 0.1 | 0.0 | 34.9 | 0.6 |
| 合计 | 1294.7 | 100.0 | 2305.5 | 100.0 | 1587.2 | 100.0 | 978.2 | 100.0 | 6147.6 | 100.0 |

**世界干燥区内不同程度土壤退化的面积(×10⁶hm²)**

| 程度 | 干燥半湿润地区 | | 半干旱地区 | | 干旱地区 | | 极端干旱地区 | | 合计 | |
|---|---|---|---|---|---|---|---|---|---|---|
| | 面积 | % | 面积 | % | 面积 | % | 面积 | % | 面积 | % |
| 非荒漠化 | 1071.2 | 82.7 | 1886.0 | 81.8 | 1176.8 | 75.0 | 876.4 | 89.6 | 5010.4 | 81.7 |
| 轻度 | 66.5 | 5.1 | 152.2 | 6.6 | 208.3 | 13.3 | 60.8 | 6.2 | 488.6 | 7.9 |
| 中度 | 129.0 | 10.6 | 200.2 | 8.7 | 141.1 | 9.0 | 39.0 | 4.0 | 509.3 | 8.2 |
| 强度 | 25.8 | 2.0 | 63.2 | 2.7 | 41.1 | 2.6 | 1.8 | 0.2 | 131.9 | 2.1 |
| 极强度 | 2.2 | 0.2 | 3.5 | 0.2 | 1.7 | 0.1 | 0.1 | 0.0 | 7.5 | 0.1 |
| 合计 | 1294.7 | 100.0 | 2305.4 | 100.0 | 1569.0 | 100.0 | 978.1 | 100.0 | 6145.7 | 100.0 |
| 荒漠化土地 | 223.5 | 17.3 | 419.4 | 18.2 | 392.2 | 25.0 | 101.7 | 10.4 | 1137.3 | 18.3 |
| 中度以上荒漠化 | 157.0 | 12.5 | 266.9 | 11.6 | 183.9 | 11.7 | 40.9 | 4.2 | 648.7 | 10.4 |

注:引自董玉祥、刘毅华编译自联合国环境规划署,《荒漠化防治计划执行情况和荒漠化现状》,1992年2月。

# 荒漠化的危害及发展趋势

我国荒漠化危害严重，据估算，每年造成的直接经济损失达540亿元，而间接经济损失是直接经济损失的2～8倍，甚至达到10倍以上。荒漠化对我国造成的危害可以概括为以下几个方面：

## 荒漠化与土地退化

荒漠化是土地退化的一种表现形式，而退化最明显的表现为土地产出量的下降，如农用地收获量的连年降低；在雨水正常情况下草地的草层高度和密度持续下降，甚至出现草地优势草种的不利变化，牲畜不能食用的草比例增多等。但是，不是一开始出现土地生产力下降就是荒漠化。真正出现“病变”的土地才是荒漠化。

根据联合国有关荒漠化资料，地球上受到和预计会受到荒漠化威胁和影响的面积共有$45.6\times10^6km^2$，约占全球土地面积的35%，按其性质分：极端干旱荒漠占17%，荒漠化程度很高的土地占7%，荒漠化程度高的土地占36%，中度荒漠化土地占40%。

荒漠化的发生造成可利用土地减少，生物和经济生产力衰退，生物多样性下降。主要表现为：

**破坏耕地，粮食减产**：我国荒漠化地区现有耕地面积$1.7\times10^8hm^2$，占全国耕地的12.7%，耕地退化面积$7.726\times10^6hm^2$，占荒漠化地区耕地总面积45.5%，其中中度以上退化面积$4.014\times10^6hm^2$，占退化耕地面积51.9%，以平均每公顷年减产粮食750kg计算，总共损失粮食超过$3\times10^9kg$，相当于750万人的年口粮。1949～1994年，我国共有$6.67\times10^5hm^2$的耕地沦为沙丘和沙地，每年平均丧失耕地1480 $hm^2$，即使这些耕地按中低产田评估，每年为此损失粮食$3.712\times10^7kg$以上，相当于9.3万人的年口粮。荒漠化地区每年仅风蚀损失土壤有机质、氮素和磷素达5.598×

$10^7$t，相当于 2.6849×$10^8$t 各类化肥，价值 170 亿元。如果要使严重荒漠化土地中的有机质、氮、磷等营养元素恢复到原生土壤状况，即使是在采取人工措施的条件下，也需要几十年、上百年甚至更长的时间。土壤质量下降导致粮食单产不断降低，如位于坝上地区的河北省丰宁县 20 世纪 60 年代粮食产量为 1335 kg/$hm^2$，70 年代为 1275 kg/$hm^2$，80 年代为 900 kg/$hm^2$，90 年代仅为 450 kg/$hm^2$ 左右，干旱年份甚至只有 150 kg/$hm^2$ 左右，群众称"种一坡，拉一车，打一萝，煮一锅"。

许多防护林配置较差的农田，每年因风蚀毁种重播 2～6 次，加大了农业投资，延误农时，造成损失，如河北张北县每年毁种改种农田面积达 2.0667×$10^7$$hm^2$。区域内的水蚀荒漠化也愈来愈重，一般 15°～25°的坡耕地，每年每公顷流失土壤 75～150 t，如宁夏固原县每年仅冲沟延伸即蚕食耕地 330 $hm^2$。

## 土地被风吹跑了

甘肃武威有一则"土地被风吹跑了"的故事：民勤县一带是我国最严重的荒漠化地区，为了生存，有的老百姓用筐把在数十公里之远的土运回来，在这一道筐筐的"土地"上，种上了粮食、蔬菜，谁想得到，有一年，沙尘暴横扫田野。一阵狂风过后，农民们辛辛苦苦经营的一筐筐"土地"在沙尘暴的肆虐下，化为乌有。

这则故事告诉我们的是这样一个严峻的事实：荒漠化正在使生产、经济、社会俱遭荼毒。中国西部地区之所以与东部的差距越拉越大，荒漠化所造成的危害则是主要原因。而综合危害最终产生一种结果，就是导致农牧民生活贫困，生产、生活进入恶性循环之中，最终丧失生存基础。

**破坏草地、畜产品受损**：荒漠化地区草地退化面积达 1.05×$10^8$$hm^2$，占地区草地面积的 70.7%。在退化的草地当中，如果按每年鲜草损失 750kg/$hm^2$ 折算，每年总计少养活 5000 多万只绵羊。草地退化的主要表现是植被变得低矮稀疏，群落结构变得简单，豆科、禾本科等优良牧草数量锐减，有毒有害、适口性差和营养价值低的植物种增加，使草地质量变劣，载畜量降低。如目前内蒙古天然草场载畜量仅相当于20世纪50年代的75%，60年代的80%。有的草场由于风蚀沙化完全丧失生产力。近50年来，全国有$2.353\times10^6hm^2$的草地变成流沙，平均每年减少$5.2\times10^4hm^2$。

据专家预测，21世纪初我国草原产草量还将下降30%左右，即使牲畜头数不再增加，草场退化、沙化也会继续恶化发展，并且成为沙化问题集中的地区。其中河北坝上地区、内蒙古乌盟后山地区将有$1.43\times10^6hm^2$的沙质草场退化为灌丛沙地或出现流沙，有$1.5\times10^6\sim3\times10^6hm^2$的沙地草场将沦为砾质化草场或戈壁。

根据荒漠化普查，建国以来共有$2.35\times10^4km^2$草地变成流沙，平均每年减少$520km^2$。内蒙古自治区1983年有退化草地$2.1\times10^5km^2$、1995年发展到$3.9\times10^5km^2$，可利用草地退化面积以大约每年2%的速度增加。

素以水草丰美著称的呼伦贝尔草原和锡林郭勒草原，退化草原面积比率分别为23%和41%，退化最为严重的鄂尔多斯高原草场退化面积已达68%。受荒漠化影响，畜产品产量随牧草产量和质量的降低而下降。如内蒙古乌审旗绵羊体重由50年代的平均25kg/只降至60年代的20kg/只，到80年代又降至15kg/只左右；同期山羊体重由15kg/只，降至9kg/只左右。

## 荒漠化与生态环境恶化

沙漠化造成自然环境的严重退化，这种退化在不同的土地利用情况下有着不同的特色。其主要表现为：

地表形态的变化：这是沙漠化最明显的标志，往往是衡量沙漠化发展各阶段的主要指征。但由于不同沙漠化类型地区沙漠化过程的差异，所引起的地表类型也不相同。在原来没有类似沙漠景观的沙质草原，在各种人为因素破坏植被以后，一般经历着地表风蚀，灌丛沙堤，疆点状或片状流沙，并进一步发展成以新月形沙丘链为主的密集沙丘。在干旱荒漠地带绿洲边缘沙丘活化为主的沙漠化地区，其发展的结果就是地表形态自固定的灌丛沙滩演变为具有流沙分布有吹扬灌丛沙堤和新月形沙丘及沙丘。以塔里木河下游阿拉干一带为例，其地表形态变化如表 1.1 和图 1.1 所示。

**表 1.1 塔里木河下游平原地区沙漠化后引起地表形态的变化**

| 年 代 | 各种地表形态占该地区面积 | | |
|---|---|---|---|
| | 流动沙丘 | 具有低矮流动沙丘的灌丛沙堆 | 吹扬的灌丛沙堆 |
| 1958 | 12.5 | 40.4 | 47.1 |
| 1978 | 20.2 | 43.4 | 36.4 |

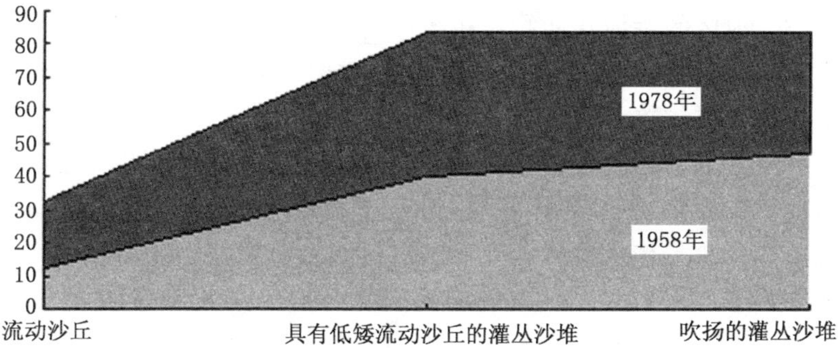


图 1.1 塔里木河下游平原地区沙漠化后引起地表形态的变化

*地表植被的变化*：主要反映在两个方面，一是植被组成的变化，一是植被覆盖度的变化。

*地面组成物质的变化*：首先表现在地面组成物质表层中小于 0.01mm 的颗粒逐渐减少，大于 0.01mm 的颗粒逐渐增加。其次反映在有机质的变化，沙漠化发生后，地表土层中有机质含量明显降低。

*破坏林地，森林锐减*：由于水资源的减少和人为破坏，荒漠化扩张，森林也呈退化趋势。准噶尔盆地天然梭梭林面积由 20 世纪 50 年代的 $7.5\times10^6hm^2$ 降至 80 年代的 $2.37\times10^6hm^2$；阿拉善地区原有 $1.1\times10^6hm^2$ 梭梭林减少到 $2\times10^5hm^2$。塔里木河下游因

水流量剧减以至断流，导致英苏以下至库尔干 180 km“绿色走廊”消失，大片胡杨林林相衰败，胡杨面积由 20 世纪 50 年代 $5.4\times10^4hm^2$ 减少到 $1.6\times10^4hm^2$。黑河下游胡杨林从 40 年代的 $5\times10^4hm^2$ 减少到目前的 $2.3\times10^4hm^2$，红柳林从 50 年代的 $1.5\times10^5hm^2$ 减少到目前的 $10^5hm^2$。石羊河下游的林地退化已达 2/3 左右。林地退化不但损失商品材，且减少了当地农牧民的薪柴来源，更重要的是破坏了农业的屏障，加重了农业的灾害程度。

根据原国家林业部三北防护林建设局专家提供的情况表明，我国荒漠化面积的 98%集中在西北和华北北部以及东北西部，即所谓“三北”地区，根据对 20 世纪 50～70 年代末航片的判断分析，“三北”地区的荒漠化面积呈扩大的趋势，基本上是以治理 1 亩①，荒漠化的速度以 1.32 亩在发展趋势。主要是由于水源林和植被的破坏及超载放牧。

由于水源林破坏严重，新疆水源森林已经枯竭。宁夏贺兰山林区仅南线近 20 年来森林退缩 17km，$2\times10^4hm^2$ 林地变为荒山。祁连山水源涵养林是河西走廊人民生存的命根子，但浅山灌木被砍，林线后移，珍贵的云杉林也遭到破坏。石羊河流城的林地仅占 16.2%，几十年来的超载放牧，毁林种地破坏林子 $3\times10^4hm^2$，造成水土流失面积 $4.3\times10^5hm^2$，导致输水量减少，已由 20 世纪 50 年代的每年 $1.22\times10^9m^3$，降到 80 年代的 $9.5\times10^8m^3$。流入甘肃民勤的水从 20 世纪 50 年代的 $5\times10^8m^3$ 已减少到 $1.5\times10^8m^3$，地下水位下降 3～5 米。使 $9\times10^4hm^2$ 沙枣片林枯死，$2.3\times10^4hm^2$ 白茨、红材处于濒死状态，$2.63\times10^5hm^2$ 天然砾质荒漠草场退化为沙质荒漠草场。

新疆的荒漠植被从 20 世纪 60 年代的 $8\times10^6hm^2$，到 80 年代降为 $3.04\times10^6hm^2$，失去 62%，为同期人工造林保存面积的 13 倍。同期森林覆盖率从 1.5%降为 1.03%。古尔班通古特流沙面

① 1 亩＝$666.\dot{6}m^2$，下同。

积从3%扩大到15%，仅米兰到莎车一带的土地沙化 $1.33\times10^6hm^2$。塔克拉玛干沙漠每年以5～100m的速度向东南方向移动；全疆86个县(市)中的53个受风沙危害。在塔里木河上游开荒 $3.5\times10^5hm^2$，砍掉胡杨林 $2.3\times10^5hm^2$，沙化面积达 $2.13\times10^6hm^2$。

由于地下水位下降，塔里木盆地成百万亩胡杨、梭梭林枯死在荒漠化的土地上。近年，阿勒泰的淘金热使植被受到空前劫难，仅富蕴、富海两县就有 $10^4hm^2$ 林被毁。现在南北疆全面进行石油钻探，其钻井、修路对这一带荒漠植被毁坏也十分严重，每开采一口石油井建场地，要破坏 $2hm^2$ 植被。另外，超载放牧的状况也令人担忧。

“三北”地区有草地 $1.78\times10^8hm^2$，其中31%出现沙化、碱化和退化。每头牲畜占有草地数从解放初的 $6hm^2$ 降到现在只有 $2.1hm^2$。而最近几年滥挖甘草和发菜多渠道竞相争购出口，危害极大。如宁夏每年可供采挖甘草的能力为 $0.15\times10^4$～$0.2\times10^4t$，1992年实采 $10^4t$，破坏植被 $5\times10^4hm^2$。1993年更甚，到盐池县挖甘草的人一天最多5000人，连片“梳篦清剿”，全区 $3.3\times10^6hm^2$ 草地，97%出现沙化。

新疆每年产甘草 $5\times10^4t$，造成1000 $km^2$ 土地沙化。而甘草、发菜的价格却一降再降；长江、黄河等大江大河输沙量上升，黄河中上游刘家峡、青铜峡、三门峡水库淤积。

荒漠化一方面使生态环境退化，另一方面，也使荒漠化地区种群、群落结构受到破坏，物种生存能力降低和日趋减少或消亡。如毛乌素沙地，许多动植物物种迅速地消失、种群数量锐减，一些啮齿类动物的天敌如狐狸、狼、秃鹫、鹰等几十年内数量迅速减少，有害的鼠类、昆虫危害大面积发生。在黄河源头的玛多县，由于荒漠化而导致物种数量减少，那里的鼠害肆虐，与人争地，与人争粮。

随着许多动植物种迅速的消失或其分布面积和种群数量锐减，有害的鼠类、昆虫的危害大面积发生。如内蒙古草原全年鼠采

食量 $1.5\times10^{10}$kg，占草地生产力的 1/7，相当于 1000 万只羊单位全年饲草。宁夏地区由于天牛危害，不得不把几乎全部的杨树全部砍掉以灭虫害。

荒漠化严重破坏生物多样性：一方面使生物栖息地损失、片断化和隔离，景观类型单一；另一方面使种群、群落结构破坏，生产力下降，物种生存能力降低，使许多物种日趋濒危或消亡。如毛乌素沙地，因生境退化，许多群落中的优势植物丧失原有生存的基质条件，开始衰亡，几十年前的沙地柏、黄刺玫和柳叶鼠李等灌木，今天只有少量的局部残存。

## 荒漠化与人类生存环境

荒漠化是全世界面临的一个共同难题，中国又是受荒漠化危害最严重的国家之一，荒漠化地区涉及了全国 18 个省区，471 个县，那里生活着有 31 个民族的近 2 亿人口。

建国以来，党和政府为改善荒漠化地区人民的生存和发展条件，领导荒漠化地区的广大人民与荒漠化灾害进行了不懈的斗争，并重点投资安排“三北”防护林工程、全国防沙治沙工程、黄河中上游防护林工程、辽河流域防护林工程等大型项目，以期扭转荒漠化地区严酷的自然环境和贫困的经济面貌，虽然取得了较大成绩，部分地区人进沙退、生态环境改善、人民收入提高。但由于种种原因，我国荒漠化总的趋势依然是“局部逆转，整体扩大”，边治理、边破坏；治理速度赶不上破坏速度。尤其是作为我国荒漠化主体的风蚀荒漠化土地，每年损失的良田、牧场、林地相当于我国一个中等县；荒漠化正使大片大片的草地退化，退化草地面积已达 $1.0524\times10^{8}$hm²，占该地区草地面积的 70.7%；过去“风吹草低见牛羊”的大草原，如今已是“老鼠跑过露脊梁”；如河北坝上地区沽源牧场 50 年代草场覆盖度为 90%，现在覆盖度仅 40%，亩产干草只有 50～100 kg，有的草场由于风蚀沙化完全丧失了生产能力。

据统计，目前已有 $2.353\times10^{6}$hm² 的草地变成流沙，平均每年

减少 $5.2\times10^4hm^2$,相当于每年总计少养了 5000 多万只绵羊。

荒漠化不仅破坏人类生存的土地。而且破坏交通、水利、工矿等生产设施,制约经济发展,导致人民生活贫困。

**对交通运输的危害**:荒漠化危害交通线路是在其侵蚀、搬运、堆积过程中,使交通线路遭受吹蚀、冲移和埋压等。

我国通过荒漠化地区的铁路长度为 3254km,发生沙害地段约 1367km,占 42%,其中严重地段 1082.5km;受风沙危害的公路总长为 $3\times10^4$km。交通线路因荒漠化危害而阻塞、冲断、停运、误点的事故时常发生。

例如,1979 年 4 月 10 日的一次沙尘暴使新疆南疆铁路路基风蚀 25 处,沙埋 67 处,受害总长 39km,积沙量 $4.5\times10^4m^3$,桥涵积沙 180 处,中断行车 20 天,直接经济损失 2000 余万元;内蒙古地方铁路乌(海)吉(兰太)线,曾因沙埋脱轨 22 次,最大沙埋厚度 17m,沙埋地段长达 2km,每年都要组织民工抢修清理路基积沙;荒漠化对民航运输也有很大影响,如 1988～1992 年期间,西藏的贡嘎机场因沙暴、扬沙、浮尘等风沙天气每年造成民航运输直接经济损失达 72 万元。

1993 年 5 月 5 日发生在西北地区强沙尘暴,使兰新线中断 31 小时,乌吉线中断 4 天,造成 37 列火车停运或晚点,同时,兰州和敦煌机场分别关闭 2 天和 7 天,因风沙磨损钢轨,使磨损速率增加 5～10 倍。公路沙害也非常严重,我国受荒漠化危害的公路近 $3\times10^4$km,水蚀冲断、流沙埋压经常发生。

**对水利设施的危害**:在荒漠化地区的许多流域,因林草覆盖度降低,水土流失加剧,严重影响了水利设施的正常运行和使用以及河道的排洪能力。

陕西北部的榆林和延安地区自 1981 年以来,因泥沙淤积废除小型水库 29 座,淤积库容总计 $6.2\times10^4m^3$。三门峡水库因严重淤积而降低综合利用能力。龙羊峡水库因荒漠化过程进入库区的泥沙总量 $3.13\times10^4$kg,每年造成损失 4700 万元。黄河、渭河都因泥沙淤积每年河床抬高 5～10 cm，并带来严重的防洪问题。以渭河为例，1992 年 8 月渭河流量 3900 $m^3/s$，仅为设计流量的 80%，却造成渭河下游严重的洪涝灾害，直接经济损失 3.5 亿元。

据调查，荒漠化地区共有 $1.26\times10^5$km 长的灌溉渠道，经常受风蚀沙埋的就有 $5.1\times10^4$km，占 40.5%，造成大量人财物和水资源浪费。如泥沙侵入水库、埋压灌渠等。

据调查，晋陕蒙接壤区库存大于 $5\times10^5m^3$ 的 46 座水库的总库容已被淤积 37.3%，建于 1977 年的陕西省神木县瓦罗水库设计库容为 $6.26\times10^4m^3$，1988 年时被淤满成为淤泥坝，并淹没了 $2\times10^5hm^2$ 川地。青海龙羊峡水库，因受荒漠化影响而进入库区的总泥沙量每年有 $3.13\times10^7m^3$，仅此一项每年造成的损失就有近 4700 万元。

同时，泥沙大量进入河道后，还使河床淤高，构成河堤溃决的严重隐患。在黄河多年平均年输沙量的 $1.6\times10^9$t 中，就有 $1.2\times10^9$t 以上来自与荒漠化有关的地区。荒漠化地区共有灌溉渠道 $1.26\times10^5$km，经常受风沙危害的有 $5.1\times10^4$km，占 40.5%。

此外，荒漠化还对输电线路、通讯线路和输油（气）管线等产生严重威胁，有时甚至危及人身安全，造成重大事故。

**对工矿生产的危害**：我国荒漠化地区储存着全国最大的石油、天然气、露天煤矿和盐碱湖矿，每年因荒漠化危害造成停工和机器进沙磨损等损失巨大。

以盐湖开采为例，仅内蒙古的 8 个开采盐湖中，已有 6 个受到风沙埋压，察汗淖尔盐湖 20 世纪 50 年代初产盐面积 15$km^2$，现仅剩 4$km^2$，雅布赖、和屯池、大盐海子及北大池同样受到严重危害。

据 1993 年调查，吉兰太盐池由于风沙危害，在37.19$km^2$的盐矿床范围内，已有 16.88$km^2$，被沙埋没，覆沙厚度 30cm 以上，不但开采前清沙增加额外经济负担，而且流沙入侵将导致该盐湖跨越其正常演化的晚期阶段，过早、过快地成为沙下盐湖。

**对农牧民生活的危害**　荒漠化对人民的生存已构成严重的威

胁。据 1994 年调查，在我国荒漠化影响的主要北方 12 省区内，受风沙危害的村庄 24000 多个，部分地区沙进人退，被迫迁居。

内蒙古鄂托克旗 1949～1977 年间，流沙埋压水井 1438 眼，埋压房屋 2203 间和棚圈 3312 间，有 698 户居民被迫搬迁. 1993 年“5.5”特大沙尘暴，使 $4\times10^5km^2$ 范围内的 4 个省区 72 个县旗 1200 万人口受到袭击，造成 85 人死亡，264 人受伤，31 人失踪，死亡或丢失牲畜 12 万头只，受灾牲畜 73 万头只，毁坏房屋 4412 间，直接经济损失 7.25 亿元。

荒漠化是致贫的根源之一，1997 年统计，荒漠化地区有 101 个县 1500 万人口处于国家贫困线以下。内蒙古阴山北部，土地严重风蚀，耕无沃土，牧无良草，生产受损，群众生活贫困。在该区 11 个旗县中，有 10 个属国家级贫困县，贫困人口 58.4 万人。近几年仅化德县和察右后旗就有 9 万多人举家搬迁，另谋生路。宁夏西海固地区，因水蚀和风蚀荒漠化双重危害，政府花费巨大财力组织“吊庄”扶贫，已有近 20 万人离乡安置。荒漠化加剧了农牧民的贫困程度，影响社会安定和民族团结。

荒漠化使人类的生存环境恶化，耕地、草场、林地等可利用土地资源质量下降或生产力丧失，破坏生产和生活设施，严重时迫使人们背井离乡。因此，荒漠化是干旱、半干旱地区产生贫困的重要因素。

据统计，我国荒漠化地区有贫困县 101 个，占全区总县数的 21.4%，占全国 593 个贫困县的 17.1%，贫困人口约 1500 万、占全区总人口的 65.2%，占全国贫困人口的 1/4 左右。荒漠化地区 1995 年人均工农业生产总值为 4230 元、为全国平均水平的 59.6%，人均收入为 1038 元，仅为全国平均水平的 49.3%。

在一些地区，由于流沙前移埋压房院和牲畜棚圈等，造成一些农户、居民点甚至县城不得不搬迁。根据荒漠化普查资料，我国北方 12 省区有 24000 多个村庄受到风沙危害。位于锡盟北部的苏尼特左旗因强烈的风蚀沙埋，使 500 多间房屋遭到破坏，旗政府所在地被迫搬迁。据调查,西藏自治区目前有748个村的建筑物受到风沙危害、仲巴县城因风沙危害将耗资3200万元搬迁、边防重镇阿里也正受到风沙的严重威胁,如果搬迁预计将耗资2亿多元。此外,荒漠化还是诱发社会不安定的重要因素,有时甚至引发民族矛盾。如甘肃、宁夏一些贫困地区的农民迫于生计,大批涌入草原地区采挖甘草、麻黄,搂发菜,经常发生殴斗,甚至造成人员伤亡。

1993年以来,内蒙古共发生故意破坏草原基础设施案件4万余起,阿拉善盟和伊克昭盟草原上的近1300眼水井遭到严重破坏,人、畜饮水发生严重困难。鄂托克旗布拉格苏木种羊场0.67$hm^2$草场网围栏的180000m网线、10000多根角铁全部被来自宁夏的某些不法分子拔掉、运走。几年来搂发菜者故意破坏草原基础设施,累计损失达9.6亿元人民币。

我国荒漠化地区多属老少边穷地区、同时又是少数民族聚居区,共有31个少数民族、220个自治县(旗),少数民族人口约2200万人,占全区总人口的20.19%,约占全国少数民族总人口的1/3。其中作为我国少数民族人口主体的蒙古族、回族、维吾尔族和藏族等少数民族主要聚居于该地区,我国5个少数民族自治区中的新疆、内蒙古、西藏、宁夏4个自治区的大部分位于荒漠化地区。荒漠化和贫困的长期困扰以及与发达地区经济差距过大、有可能转化为社会矛盾,从而影响民族团结和社会安定。

**对环境质量的危害** 风大沙多是我国荒漠化主要特点。干燥的大风裹携尘埃形成沙尘暴天气,污染大气环境,并随风的流动影响范围远远大于发生荒漠化地域本身,如京津唐一带乃至日本、韩国大气浮尘也有荒漠化地区物质成分。荒漠化不仅造成环境质量恶化,而且对人体健康也造成损害,如眼疾和呼吸系统的发病率远高于其他地区。

其次,荒漠化的另一重要后果是沙漠化地区人口的下降。世界银行的一份报告中指出,在非洲的布基纳法索,对荒漠化进程的反应是近100万人口的大规模移民,并使人口的自然增长减少了

40%。来自尼日尔的报告说，由于沙漠造成的移民，出生的儿童减少了 1/3。我们没有查找到具体数字来说明中国北部地区沙漠化对人口的影响，但是在沙漠化地区人口稀少和下降是明显的。

荒漠化使生物质量变劣、物种丰度降低，对生物多样性构成严重威胁。在干旱区尤其是荒漠地区，保护生物多样性具有特别重要的意义：

①荒漠地区的动植物在极端的自然条件（干旱缺水，冬严寒夏酷暑，昼夜温差大，日照强，风蚀沙埋，土壤结板，多盐碱、石膏等）和长期进化过程中，成功地发展了许多适应机制（包括生态的、生理的、形态结构的、行为的、遗传的等等）。其中许多野生植物是防治荒漠化生物措施的重要种质资源，许多动物是我们现在所养家畜的祖先；

②荒漠动植物中包含许多有较高经济价值的种类。例如，许多荒漠草本和小半灌木是营养丰富的牧草，不少种类具有药用价值。据调查，仅中国的沙漠地区（包括部分沙地）就有药用植物 356 种，其中常用的 103 种；

③荒漠生态系统在固定流沙、减弱风蚀、改善环境方面起着不可替代的作用，荒漠生态系统的破坏将导致环境的恶化。由于滥樵、滥采、滥垦、过度猎捕等不合理的人类活动以及由此而造成的荒漠化的迅速扩展，荒漠化地区的生物资源遭受剧烈摧残，生物多样性急剧减小。如荒漠植物三叶甘草、盐桦已经灭绝。荒漠动物中的新疆虎、蒙古野马、高鼻羚羊和新疆大头鱼也已经灭绝。另外，还有数十种处于濒危状态。在我国草原地区，由于人为破坏和土地沙化，许多昔日曾经广泛分布的中药材如麻黄、甘草、黄芪、防风、柴胡、远志、苁蓉和锁阳等数量也日趋减少，有些濒于灭绝。

**对社会经济发展的影响**：荒漠化是自然和人类活动共同作用的结果。它严重地威胁着人类的生活，使土壤的肥力与生物生产力明显下降，原来的土地上出现了类似沙漠的可怕景观。如果任其继续下去，全人类社会经济的发展必要遭受荒漠化的严重挑战。

首先是生物生产力的下降。由于沙漠化进程所产生的生产潜力程度的衰退,科学家们利用沙漠化地区旱作农业生态系统的能量转化效率 ($E$) 来衡量:

$$转化效率(E) = \frac{粮食能量产出}{全部能量投入}$$

反映了农田投入产出能量的比值。在沙漠化环境中需投入的劳力、能源、肥料远远大于非沙漠化地区。

## 荒漠化破坏生态环境,许多人沦为"生态难民"

荒漠化破坏生态环境,威胁人类生存,甚至使许多人沦为"生态难民",由于荒漠化不断扩展,沙尘暴越来越频繁,不仅对生产建设造成极大破坏,而且给人民的生命财产带来重大损失,其中以 1993 年甘肃河西发生的"5·5"沙尘暴破坏最为严重。同时,沙尘暴还对包括北京在内的我国东部以及朝鲜、日本和美国的夏威夷等地的大气环境带来严重污染。

荒漠化造成森林锐减,天然植被大面积死亡,地下水位下降,湖泊干涸。如塔里木河下游胡杨林面积由 20 世纪 50 年代的 $5.4\times10^4 hm^2$ 减少到 90 年代的 $1.6\times10^4 hm^2$,由北疆进入南疆的 180 km"绿色走廊"正在消失。

20 世纪 50 年代末,甘肃河西黑河流域的东、西居延海面积分别为 $35.5km^2$ 和 $267km^2$,并分别于 1961 和 1992 年干涸,"湍流不息"的居延海从此成为历史。内蒙古额济纳旗先后有 12 处湖泊、16 处泉水、4 个沼泽干涸,造成人畜饮水困难,一部分牧民沦为"生态难民",四处迁徙。甘肃酒泉卫星发射中心也出现地下水位下降、水质恶化、盐碱化扩大、林木死亡、风沙频繁、铁路经常停运的现象。位于河西石羊河下游的民勤绿洲地下水位以 0.5～1.0 m/年的速度下降,地下水矿化度达 4～6g/L,使 7 万余人、12 万头牲畜饮水发生困难,$2\times10^4 km^2$ 以上的农田弃耕,农民迁居。

荒漠化犹如西部地区人民贫苦的影子,对西部地区人民的生活速成极大的危害;而生态环境的恶化又加剧着西部地区人民的贫困。

## 我国各地区的荒漠化发展趋势

在我国，很早就有荒漠化灾害的记载。作为荒漠化产生的风沙、沙尘暴（黄沙）都是一种灾害性天气现象，因此，我国古代史书（正史、地方志等）中把浮尘现象作为灾害性天气现象或作为一种灾害记录下来。

研究认为，距今 3000 多年以前在我国史书中就有关于浮尘的很多记载，史书中浮尘常被记为“雨土”、“黄砂”、“雨尘土”、“黄矗”等，有“黄风自西北来，拔村飞屋”、“飞沙如雨”、“尘沙涨天，其色赤黄”、“黄雾四塞，埃氛蔽天”的记载，这些都是指来自西北的沙尘暴和沙尘暴引起的浮尘天气。

我国西北地区的沙尘暴在中国古代曾引起了一些重大环境变迁，如汉朝的楼兰国已经变成了沙漠，秦汉时期最富饶的陕西北部地区也已成了不毛之地。

近年来，在塔克拉玛干沙漠中发现了具有精美文化的古国泥雅的遗址，房屋依旧，少女古尸的金发还在沙漠中飘动。据当地人讲，在一千多年以前一次特大沙尘暴持续了两个多月，竟把泥雅埋在沙漠之中……

**自从有了人类活动就开始了沙漠化**：我国北方沙漠地区现存的一些古代遗址的分布就是很好的见证。

根据我国北方地区的历史时期形成的沙漠化土地，就其发生发展特点可见：分布在干旱荒漠地带的沙漠化土地，这些土地位于沙漠边缘的河流沿岸或深入到沙漠内部的河流下游，但还不是沙丘所分布的地区。

如塔里木盆地地区，根据汉书西域传提供的情况，当时鄯善、且末、精绝等地均是有相当多居民的绿洲（参见表 1.2），而现在这些地区早已成为沙石为主的沙漠环境。

表 1.2 塔里木盆地东部及南部边缘一些古代绿洲的人口

| 地点 | 若羌 | 鄯善 | 且末 | 精绝 |
|---|---|---|---|---|
| 人口 | 1750 | 14100 | 1610 | 3360 |

根据《汉书》西域传的资料，引自曹艾莉

尼雅河下游精绝也系两汉时代的遗址。塔里木河下游的喀拉屯从出土文物也反映出公元4～5世纪仍有人类活动。塔里木盆地北部天山南麓扇缘平原一些汉唐时代垦区的废弃，这是因长期开垦，又加上灌溉的不合理，使地下水位上升，发生土壤次生盐渍化而不能耕种，因此垦区放弃。如安西东南的锁阳城为唐代的绿洲，当时绿洲面积约50万亩左右。由于唐中叶以后河流改道东北流，灌溉水源断绝，迫使绿洲废弃形成沙漠化面积。

由于这类沙漠化土地与河流变迁、灌溉水源断绝有关，因此以古城或废弃绿洲为中心的沙漠化土地都有古代人类活动和古河床分布的痕迹，而且都以某一河流的古代水系为中心呈片状分布，各片沙漠化土地并不相连。

根据历史资料和沙区中废墟出土文物鉴定，榆林东北的古城德为西汉时代龟兹的遗址并因"水草丰富，土宜畜牧"之地而著名，靖边县北部红柳河北岸的白城子，在公元5世纪赫连夏修建统万城时，曾描述其周围自然环境为"林广泽而带清流"，但在9世纪时已出现"飞沙为堆、高及城碟"的记载，而在10世纪时由于政治军事等原因毁城时，已深在沙漠中。在鄂尔多斯的南线有不少汉、唐、宋时代的遗址，如汉代的旁延、高望，唐代的宥州(城川)，白城台等，目前都已在流沙之中。

这类沙漠化土地，在其发展的历史过程中，随着统治阶层的变化，农牧业生产方式的多次交替，同时，也受年降水量多变等因素的影响，使沙漠化土地始终处于一个蔓延与暂时稳定相交替的复杂过程中。

在近代，新疆境内气候干旱，降水稀少，北疆年均 150～200mm，南疆只有 50～100mm，加之多风和下垫面物质疏松，在风蚀作用下，逐渐形成了大面积沙质荒漠，据统计，约有 $4.21 \times 10^5 km^2$，占新疆面积约 25%，占全国沙漠面积约 63%。南疆的塔克拉玛干沙漠是世界上第二大流动沙漠. 这一地区的主风向是静风和东北风，沙漠频繁冷空气带动的大风形成的沙尘暴向南侵移，在历史时期就曾将不少村镇和文明古国埋入沙漠中。

今日的县城、乡镇和农村居民点也面临沙漠的侵袭和沙尘暴的危害。例如策勒县城北部距大沙漠前沿只有 1.5km，城郊已有数万亩耕地被流沙掩埋，城关镇也岌岌可危，不少农户被迫数度搬家。青海省也是我国土地沙漠化和沙尘暴危害严重的地区之一。

据考证，柴达木盆地西南部祁曼塔格山下的大片沙漠，历史上曾是一片草原景观，经过西北部沙漠的入侵，才演变成现在的景观。

**荒漠化带来的沙尘暴常常以沙埋的方式危害环境**：沙尘暴来临时，在狂风的驱动下，以排山倒海之势向前移动，当它碰上障碍物或风力减弱的时候，大量沙尘落下，就会埋压农田、村庄、公路、铁路等形成沙堆或沙丘。

如 1986 年 5 月 17～20 日的沙尘暴，使兰新铁路线多处被沙掩埋，造成停运 31 小时之久。另一种危害方式是风蚀，即土地表层被风力卷走吹蚀的过程。受这种方式危害最大的是农田和农作物，风蚀土壤把农田表层细腻的粘土矿物和有机物质刮跑，同时在土壤风蚀过程中，大风卷起的沙子、泥土还会割打农田里的庄稼禾苗，使禾苗伤亡。

如 1993 年 5 月 5 日的沙尘暴，在河西走廊致使一些农田风蚀深度 10～50cm，土地平均风蚀量将近 $2100m^2$/亩，大量的肥沃土壤被刮走。强沙尘暴和特强沙尘暴不仅具有很大风速，而且往往携带有大量砂砾，受这种沙尘暴袭击，狂风能够刮断电杆、刮翻车辆、毁坏房屋、破坏各种工农业设施，甚至造成人、畜伤亡。

世界范围内大约有100多个国家和地区20%的世界人口在不同程度上受荒漠化的危害。但全球荒漠化土地面积究竟有多少，其发展速度如何，却众说不一。

Н. С. Орповский(1986)认为全部干旱地区和热带半干旱地区的75%的土地面积都受到荒漠化的威胁。人为荒漠化面积已达$9.1\times10^6km^2$。

1990年H. E. Dregne估计干旱地区中度以上的荒漠化(广义)农地面积达$32.7\times10^6hm^2$(包括牧场)，如把低度荒漠化面积算在内，将达$47.1\times10^6km^2$，干旱地区有80%的农田至少受到中等程度的沙漠化影响，如果把真沙漠及非农土地包括在内将由48%的干旱地区为荒漠化。

1975年UNEP在伊朗召开的“抗沙漠化”会议中，评估了沙漠化进展速度，普遍认为仅在撒哈拉(Sahara)每年有$1.3\times10^4km^2$的土地被沙漠侵吞，全球范围内每年约有$5\times10^4km^2$的土地被沙化。

1984年UNEP第十二届环境理事会对世界沙漠化问题进行了评估，结果认为，自1977年荒漠化(沙漠化)会议后，虽然在荒漠化防治方面做出了努力，但效果不大，荒漠化仍在蔓延和恶化。1991年UNEP设立专项研究，其结论表明，荒漠化(土地退化)速度为$1.8\times10^8hm^2$/年($1.8\times10^6km^2$/年)，即每年扩大3.5%，每年的直接经济损失达$14.23\times10^{10}$元，间接损失为直接损失的2～10倍。世界干旱区荒漠化面积为$3.56\times10^7km^2$。

我国土地荒漠化面积多年来普遍认为$3.34\times10^5km^2$，其中已沙漠化的土地面积为$1.76\times10^5km^2$，潜在沙漠化土地面积为$1.58\times10^5km^2$；包括现有的沙漠、戈壁在内共$1.30\times10^6km^2$，1993年全国防沙治沙工作会议——1991～2000治沙规划认为我国沙区(包括戈壁、沙漠、沙漠化土地及风沙土地)为$2.587\times10^6km^2$，约占国土面积的26.7%，而以荒漠化面积计，则为$4.20\times10^6km^2$。以往通过50～60年代的航片对比计算，认为沙漠化的进展速度为1560

$km^2$/年。

最近,国家林业局防治荒漠化管理中心的有关人士介绍:我国的荒漠化土地占国土面积的27.9%,95%以上分布在西部。而西部的荒漠化面积占国土面积的一半,且土地沙化正以每年3436 $km^2$ 的速度扩张。目前,全国的沙化面积已扩展到 $1.743\times10^6km^2$。相当于10个广东省的面积。如果以 $1.81\times10^6km^2$(包括牧场)的速度扩展,则100年以后全球将全部荒漠化。

按照联合国荒漠化新的定义,中国的土地荒漠化问题非常严重。包括风力作用,流水侵蚀作用及次生盐渍化在内,初步估计总面积为 $7.66\times10^5km^2$,占国土面积的7.97%。在北方干旱半干旱地带沙质荒漠化(简称沙漠化)已从20世纪70年代中期的 $17.6\times10^4km^2$ 扩大到80年代中期的 $19.7\times10^4km^2$,此外还有潜在沙质荒漠化土地 $13.7\times10^4km^2$,共计 $33.4\times10^4km^2$。

这些扩大的沙质荒漠化土地主要是在半干旱的草原地带,特别是在农牧交错地区和草原旱作农垦区,如乌兰察布草原南部旱作农垦区的沙质荒漠化土地从1976年占土地面积的4.4%增加到1986年的8.7%;察哈尔草原沙质荒漠化土地面积从1975年占土地面积的3.5%增加到1986年的6.1%。河北坝上草原西部沙质荒漠化土地从1975年13.4%增加到1986年的24.9%。土壤次生盐渍化所形成的荒漠化土地约 $6.1\times10^4km^2$,主要分布在黄淮海平原,河套平原及河西走廊西部、塔里木盆地一些内陆河流的下游等地。

南方土地荒漠化问题也有分布,以江西红壤及花岗岩丘陵地区为例,因流水侵蚀所造成的土地荒漠化面积从20世纪70年代的占全省总面积的12.9%增加到80年代的26.7%。

贵州省因流水侵蚀,土壤冲刷导致岩石裸露的石山荒漠化面积每年平均以 $9.1km^2$ 的速度在增加,80年代乌江流域石质半石质的石山荒漠化土地面积占流域总面积的8.5%,流域西部的毕节县石山荒漠化面积已占全县总面积的7%。

云南省金沙江干热河谷的元谋县因流水侵蚀所形成的荒漠化土地已占全县土地面积的40%。

浙江西部常山低丘岗地区因流水侵蚀土地退化已达到荒漠化程度的地区占水蚀面积的61%。

湖南南岭山区的桂阳县洋市乡流水侵蚀所造成的土地荒漠化已占水土流失面积的14%,侵蚀模数每年达5700～8000 t/$km^2$。

估计全国流水侵蚀所形成的荒漠化土地为$3.67\times10^5km^2$。

对于我国荒漠化的发展前景有两种不同的估计:一种估计是荒漠化的治理大于它本身的发展,另一种是发展大于治理。最近由于我国荒漠化现象的严重化,发展大于治理的观点被大多数人所接受。我国荒漠化发展的趋势,可以归纳为如下类型:

*荒漠化蔓延的严重类型*:荒漠化土地的年增长率发展很快,在5%～10%之间,如河北坝上草原的丰宁和围场北部、内蒙古乌兰察布草原农垦区等。在荒漠化地带内陆河的下游也很显著,如弱水下游、塔里木河下游等。

*荒漠化蔓延中等程度型*:这些地区都系原来荒漠化较为明显的土地,由于近年来重视了了沙漠化的治理,该地区荒漠化的发展得到了遏制,年增长率比20世纪70年代有所减少,在2%～5%,如毛乌素沙地西南的盐池、青藏柴达木盆地南部等。

*荒漠化蔓延显著减弱,但仍有发展趋势*:这些地区荒漠化的年增长率一般在2%以下。有两种情况,一种情况是原来荒漠化现象明显,得到治理后荒漠化发展缓和;另一种是新的荒漠化现象出现虽然增长率小,但趋势不可忽视。

根据中国科学院兰州沙漠研究所的计算,曾有如下结果:

到2000年,我国沙漠化土地将发展到$2.332\times10^5km^2$,比80年代中期再增加$3.2\times10^4km^2$。平均每年增加的沙漠化土地为2370 $km^2$。其中获得控制的沙漠化土地可望有200 $km^2$。

由此可以做出推论,未来我国沙漠化形势十分严峻,沙漠化现象虽然在局部有所缓和,但整体上仍有较大蔓延。荒漠化的这种蔓延主要集中在三个地区：

一是坝上及内蒙古后山草原农垦区，荒漠化土地面积由50年代末占农田面积的3%上升到20世纪70年代中期的13%，20世纪80年代末又上升到25%；

二是半干旱地带波状沙质草原区，如科尔沁草原土地沙漠化，在20世纪50年代末占草原面积的20%，20世纪70年代中期增加到53%，20世纪80年代末期又增强77.6%；

三是干旱地带绿洲边缘及内陆河下游地区，主要是因为固定沙丘的活化，如弱水下游土地沙漠化的扩大，20世纪50年代为该地区面积的5%，20世纪70年代中期22%，20世纪80年代末期增长到36%。

荒漠化的现象仍在发展，不容乐观的是：荒漠化的发展始终大于沙漠化的治理。因此，我国荒漠化的现象已受到全世界的瞩目。在我国干旱、半干旱及部分湿润地区的荒漠化，已构成我国环境退化的主要问题之一。

慈龙骏（1994）根据联合国的统计资料及估算方法，推算我国荒漠化土地总面积是208.3×10$^6$km$^2$，如包括极端干旱的沙漠和戈壁在内，我国荒漠化土地总面积为2.78×10$^6$km$^2$。土地荒漠化的主要区域在干旱和半干旱地带。并提出处于中纬度的我国荒漠地带受全球变化影响最大。

据他们模拟结果："若$CO_2$倍增，温度上升1.5℃时，……荒漠化面积扩大7.06×10$^5$km$^2$（扩大到3.486×10$^6$km$^2$）。荒漠化面积平均每年扩大6641 km$^2$（按1965～2050年共85年平均计算），虽然这个数字的误差有10%左右，但确实是令人惊恐的数字。"

尽管我国确切的荒漠化面积大小的说法不同，但从目前的发展速度和造成的危害足以说明荒漠化形势的严峻。

**荒漠化地区在现代化建设中占有重要地位** 我国荒漠化地区总人口达10898万人，包括西北、华北北部、东北西部以及青藏高原的中部和西部，面积3.317×10$^6$km$^2$，占国土总面积的34.6%。

我国荒漠化地区的资源条件和特点如下：

荒漠化地区蕴藏着丰富的矿产资源，是我国煤炭、石油、天然气等能源矿产的重要产区和21世纪重要的能源后备区，也是有色金属、化工原料矿产、贵重及稀有金属矿产的主要分布区和重要产地；

荒漠化地区水能资源丰富，是全国水电的“富矿区”；

荒漠化地区宜农荒地资源丰富，是我国耕地资源的主要后备区；

荒漠化地区天然牧场面积广大，分布集中，是重要的草食性家畜和畜产品生产基地；

荒漠化地区自然条件独特，培育了许多具有独特品质与经济价值的优良作物品种。如新疆的无核葡萄、哈密瓜、长绒棉、河西的白兰瓜和宁夏的枸杞等，是优质长绒棉、瓜果、蔬菜的生产基地；

荒漠化地区野生经济动植物种类丰富，是名贵药用植物（甘草、麻黄、琐阳、肉苁蓉等）、食用植物（发菜、沙枣、沙棘等）的重要产区，区内分布有许多珍稀野生动植物。如野驴、野骆驼、盘羊、黑鹤、天鹅，胡杨、水曲柳、红皮云杉等，建有许多自然保护区，是我国重要的种质资源库。

此外，荒漠化地区少数民族多、少数民族人口约有2200万人，占全国少数民族总人口的1/3，而且国境线漫长，因此是维系民族团结和国家安全的关键地区；同时，荒漠化地区由于经济落后，人民生活贫困，是我国扶贫攻坚的重点地区。

荒漠化地区与俄罗斯、蒙古、哈萨克斯坦、吉尔吉斯斯坦、塔吉克斯坦、阿富汗、巴基斯坦、印度、尼泊尔、锡金、不丹等11个国家接壤，内陆口岸多，是我国对外开放的重要窗口。但是，本地区生态环境脆弱，是我国沙尘暴和多条大江大河泥沙的主要源区。这里沙尘暴频率高，强度大、危害严重。

由于荒漠化不断扩展，20世纪以来，沙尘暴越来越频繁，据不完全统计，20世纪50年代至今造成重大损失的就有70余次。因此，人们常说，“南有台风、北有沙尘暴”。沙尘暴对我国东部包括长江以南地区以及东部邻国的生态环境还带来一定影响。

另外，本地区还是黄河、长江、雅鲁藏布江、辽河、滦河等许多大江大河的发源地，荒漠化造成的大量泥沙进人河道，使河床淤高、行洪困难，并严重威胁下游地区的安全，使之成为中华民族的心腹之患。因此，加快荒漠化治理速度，把本地区的资源优势转化为经济优势，加快产业开发步伐，对于振兴地方经济、缩小东西部差距、促进整个国家的经济腾飞具有不可估量的作用。

美国的发展历史可以供我们借鉴，从 1865 年开始的 20 年中，美国从太平洋海岸到大西洋海岸修筑了 5 条横贯大陆的铁路，促进了西部的繁荣。西部的开发使美国的国力迅速上升，在南北战争后短短的 20 年时间里，从一个落后国家迅速超过英、法、德等经济强国，1892 年左右工业总产值跃居世界第一位，为 20 世纪称雄世界奠定了经济基础。

建国后，党中央、国务院十分重视荒漠化防治工作。1958 年发出了“向沙漠进军”的号召，在全国掀起了群众性的防沙治沙热潮。十一届三中全会后，实施了“三北”防护林建设工程、黄河中游防护林建设工程等一系列大型生态建设工程，对我国荒漠化防治起了积极作用。

20 世纪 90 年代以来，我国防沙治沙工作进入了有组织、有计划、多部门联合作战的轨道。1991 年国家又把荒漠化防治纳入国民经济发展计划，在全国范围有计划地开展防治荒漠化工程建设。

我国荒漠化地区在历史上曾是林草丰茂，繁荣茂盛之地，完全具有再造山川秀美的自然条件，我国防治荒漠化总体技术是完全可以满足防治荒漠化工程建设需要的。

有这些基本技术做支撑和一大批不同类型区的成功治理开发模式作为示范，有党中央、国务院的高度重视和沙区群众的迫切愿望与积极参与，再造一个山川秀美的西北地区的美好蓝图是一定能够实现的。

# 防治荒漠化面临的严峻形势

## 荒漠化现状令人担忧

**荒漠化土地面积大、分布范围广** 根据《中国荒漠化报告》，我国荒漠化土地总面积为 $2.622\times10^6$km²，占国土面积的 27.3%，涉及新疆、内蒙古、西藏、青海、甘肃、河北、宁夏、陕西、山西、山东、辽宁、四川、云南、吉林、海南、河南、天津、北京等 18 个省(市、区)的 471 个县(市、旗)，其中 99.6%分布于我国北方以及西藏 12 个省(市、区)的 420 个县(市、旗)。荒漠化土地中有 $1.148\times10^6$km² 分布在干旱地区，$9.19\times10^5$km² 分布在半干旱地区，$5.55\times10^5$km² 分布在亚湿润干旱区。荒漠化土地占荒漠化地区总面积的 79.0%，远远高于全球 69.0% 的平均水平。

**荒漠化类型复杂多样、发展程度高** 按动力类型划分，我国荒漠化土地中有风蚀荒漠化土地 $1.67\times10^5$km²，水蚀荒漠化土地 $2.05\times10^5$km²，土壤盐渍化土地 $2.33\times10^5$km²，冻融荒漠化土地 $3.63\times10^5$km²。按土地利用类型划分，有退化耕地 $7.7\times10^4$km²，占耕地总面积的 40.1%；退化草地 $1.052\times10^6$km²，占草地总面积的 56.6%；退化林地 $0.1\times10^4$km²。按发展程度划分，有重度荒漠化土地 $1.03\times10^6$km² 计，占荒漠化土地总面积的 39.3%；中度和轻度荒漠化土地分别为 $6.41\times10^5$km² 和 $9.51\times10^5$km²，分别占荒漠化土地总面积的 24.4%和 36.3%。荒漠化土地占荒漠化地区总面积的比例和重度荒漠化土地比重都高于全球平均水平。

**荒漠化扩展速度快、发展态势严峻** 据调查，20 世纪 50 年代以来我国荒漠化一直在加速扩展。以影响范围广、危害最为严重的风蚀荒漠化为例，50 年代末期到 70 年代中期平均扩展速度每年为 1560 km²，70 年代中期至 80 年代中期每年增至 2100 km²，至 90 年代中期每年已经达到 2460 km²，约相当于一个中等县的土地面积。

荒漠化发展最快的有两类地区：一是贺兰山以东的农牧交错地区，如内蒙古乌盟后山、河北坝上等；二是内陆河下游的绿洲地区，如塔里木河下游的“绿色走廊”地带、黑河下游的额济纳绿洲、石羊河下游的民勤绿洲等。特别是由于全球气候变暖，我国荒漠化地区普通存在干旱化倾向，随着今后人口压力的增加和人类经济活动的进一步加强，如不采取应急措施，荒漠化将以更大的速度加速扩展。

# 第二章

# 荒漠化发生的源地

荒漠化是发生于干旱区的全球性问题，它严重地威胁着人类的生存环境。因此，了解干旱的成因及其分布区域，是认识荒漠化发生发展规律和进行荒漠化防治的基础。

干旱区域的定义首先出现在气候学上，是指蒸发量大于降水量，因而干旱是缺水的区域。

依据联合国防治荒漠化公约，“干旱、半干旱和亚湿润干旱地区”是指年降水量与潜在蒸发量之比在 0.05～0.65 之间的地区。

在中国综合自然区划中，干旱区是指干燥度＞1.5 的区域，其中干燥度（蒸发与降水之比称干燥度）1.5～2.0 为半干旱，2.0～4.0 为干旱，＞4.0 为极干旱区。与气候学上的干旱概念相对应，中国综合自然区划中，半干旱是指干草原，干旱指荒漠草原，极端干旱为荒漠的景观区域。

造成上述区域干旱的成因，主要是由于大气环流、海陆分布，以及大尺度的地形、地貌的分布格局共同作用的结果。

干旱地区地表的主要景观是荒漠化，最为普遍分布的景观类型是砂质荒漠（沙漠）、戈壁和盐渍滩地。沙漠上生长的是旱生沙生植被。

依据植被覆盖度及其固沙程度，沙漠的基本类型又可进一步划分为固定沙丘、半固定沙丘和流动沙丘。戈壁是极端干旱气候条件、地表覆盖砂砾层，只能生长旱生灌木的景观类型。

依据地表砾砂堆积差异，常又分出砾质戈壁和沙砾戈壁。盐渍滩地景观以地表积盐、生长盐生植被为特征，分布于干旱区的地形低洼处，不经洗盐脱盐难于为农业利用。

依据盐分含量及危害程度，又常划分出盐漠、重盐碱、中盐碱、轻盐碱等滩地类型。

沙质荒漠土地（沙漠）是干旱区分布最广的类型。全世界沙漠的面积大约 $7\times10^6$km²，约占干旱区总面积的 23%。其中最大的沙漠是北非的撒哈拉沙漠，南北宽 1700 km，东西长 5290 km，总面积约 $1.8\times10^6$km²。

亚洲的沙漠面积广大，约为 $2.5\times10^6$km²，其中阿拉伯半岛有 $7.95\times10^5$km²，中国西北地区的沙漠约计 $6\times10^5$km²（其中塔克拉玛干沙漠为 $3.376\times10^5$km²，居世界第二位），印度巴塔尔沙漠面积约计 $2.6\times10^5$km²，原苏联中亚、哈萨克斯坦至里海北岸地带，亦是沙漠分布面积广大地区，沙漠面积约计 $8.3\times10^5$km²，伊朗荒漠约 $5\times10^4$km²，蒙古荒漠 $5.2\times10^5$km²，以戈壁为主，沙漠只有约 $1.5\times10^4$km²。

美洲大陆沙漠面积较小，主要分布于美国中西部和墨西哥北部，其中中西部沙漠面积约 $10^6$km²，墨西哥北部沙漠面积约 $1.7\times10^5$km²。

南半球的沙漠面积较小，较为显著的有澳大利亚中西部的沙漠面积约 $1.05\times10^6$km²。南美洲的沙漠面积则是各大洲面积最小的一个洲，合计约 $\times10^5$km²。

## 地球上的“三风四带”

我们知道，太阳辐射在地球表面的分布是不均匀的。近似于球形的地球，决定了地球接受的太阳辐射能由赤道向极地逐渐减少，而地球绕太阳公转的轨道变化又使太阳辐射产生的热量随着纬度和季节变化，形成了在地气系统中，高纬度辐射差额为负，低纬度辐射差额为正，辐射差额的水平梯度由赤道指向两极。这种有辐射产生的热力差异，在地表上便产生了地球上气压、风带的分布及其季节变化，即所谓的“三风四带”。同时导致气候类型及地理景观随纬度更替的趋势，称为纬度地带性。另一方面海陆分布，尤其是大陆度的差异，也导致了同一纬度内热量、温度的陆海差异和风速风向的变化，形成水汽含量随距离海洋的远近变化和降水量向内陆的减少，以及风向的季节变化。

当然，大陆内部高山、盆地的地貌格局，对太阳辐射的接受，水汽输送的阻滞也起着重要的作用。在上述因素的综合作用下，地球以赤道为中心，向南北两极依次划分出赤道带、热带、温带、寒带。

上述温度带内，水分的干湿状况的差异在北半球表现得最为明显，南半球则由于大陆面积较小而表现不突出。影响海洋水汽向大陆腹地输送的基本动力是大气环流。如果与大气环流系统相联系的风向是由海洋吹向大陆的，则将海洋上空的水汽输运向大陆，给陆地带来降雨；如果风由大陆吹向海洋，则由于大陆上空气干燥，蒸发增加，导致陆地的干旱。因此，北半球温带的干旱、半干旱区主要分布于中国西北部、蒙古高原、中亚内陆直至黑海南北侧，北美大陆则分布于美国的中西部。亚热带干旱区域分布于欧亚大陆伊朗高原、北美大陆美国西南部。热带干旱、半干旱区域分布于欧亚大陆的阿拉伯半岛、北美洲的墨西哥、北非的撒哈拉沙漠。南半球干旱半干旱区域面积相对较小，主要分布于澳大利亚中西部、非洲西南角、南美洲西海岸等地。

# 中国的气候变化及其对全球变化的响应

## 主要气候带

我国地域辽阔，地形地貌复杂，气候分布多样，又是著名的季风区。一般的，我国的气候带可以划分为以下几个气候带。

**寒温带季风气候带**：限于东北的最北部，积温[1]<1600℃，最冷月平均温度低于−30℃，天然植被为落叶松。土壤为微酸性棕色灰化土，有永冻层。

**温带季风气候带**：长城以北地区。积温为1600～3400℃，最冷月平均气温低于−30℃～10℃。天然植被为针阔叶混交林、草原和荒漠。土壤为棕色森林土、黑钙土、栗钙土、棕钙土和灰棕荒漠土。

**暖温带季风气候带**：秦岭淮河以北。积温为3400～4500℃，最冷月平均温度为−10～0℃，主要天然植被为落叶阔叶林。土壤为棕色森林土，褐色土和棕色荒漠土。

**副热带季风气候**：北回归线以北地区。积温为4500～8000℃，最冷月平均气温0～15℃。天然植被为热带雨林、季风常绿阔叶林和混生常绿阔叶林。土壤种类多，主要有红壤、黄壤、黄褐土等。

**热带季风气候带**：湛江以南至海南岛南部。积温为8000℃以上，最冷月平均温度高于15℃。主要为热带季雨林。

**赤道季风气候带**：北纬10°以南的南海诸岛。生长各种热带植物。积温为9000℃左右，年平均温度>26℃。

**高原气候带**：青藏高原地区。积温<2000℃，大部分地区平均气温<10℃，不适林木生长，寒冷程度接近寒带，但日变化大。天然植被垂直分布明显，是一种特殊的气候类型。

## 主要气候区

湿润状况通常用来进行二级气候区划的指标，常用干燥度指数$I_d$来表示：

$$I_d = \frac{\text{年降水量}}{\text{年最大可能蒸发量}}$$

但是，由于最大可能蒸发又往往是温度的函数，即存在近似的$E = 0.01\sum t(t \geqslant 10℃)$关系。因此，干燥度与降水量和温度状况

① 积温：某一时期内大于或小于某一界线温度的日平均温度的总和

都有很好的关系。

根据干燥度指数，中国有如下主要气候区：

**极端干旱区**：西北沙漠和荒漠地区。$I_d < 0.03$，年降水量<100mm。自然景观主要为沙漠。

**干旱区**：河西走廊、黄河上游、高原北部和新疆准噶尔盆地等。$I_d < 0.2$，年降水量 100～200mm。

**半干旱区**：东北西部，内蒙古、宁夏、甘肃大部，新疆西部和北部。$0.2 < I_d < 0.5$，年降水量在 200～400mm，自然景观为草原，是中国主要牧区。

**半湿润区**：黄淮海平原，东北大部、山西、陕西大部，甘肃东南部，四川西北部和西藏东部，主要为森林草原景观。$0.5 < I_d < 0.75$，年降水量为 400～800mm。

**湿润区**：秦岭淮河以南的长江中下游地区、云贵川和广西大部。$I_d > 0.75$，年降水量 800～1600mm。主要天然植被是落叶和常绿阔叶混交林。

**多雨区**：东南沿海、云南、广西南部地区。年降水量>1600mm。主要天然植被为亚热带常绿林。

中国国土面积的 45%属于半干旱和干旱区，那里少雨缺水，气候干燥，严重制约着农牧业发展。

东部地区湿润多雨，集中了 90%以上的人口和耕地，是中国农业发展的关键区。

介于两者之间的半干旱半湿润区，是一个明显的气候过渡带，也是生态系统的交叉带，属于农牧交错带。这一交错带一方面对气候变化具有较强的敏感性，即那里可以相对较早、较强的反映出气候变化的信号；另一方面，这里的生态系统变化脆弱，生态系统极易受到气候异常的影响和破坏。

由于这类地区面积广大，人类活动对生态系统的破坏，往往可以在气候变化的长期背景上产生较强的人为扰动。

## 不同时间尺度的古气候变迁

**最近** 18000 **年的长期气候变迁**：安芷生等对最近 2 万年的中国古环境进行了较为系统的研究，编制和对比了最近 18000 年中国粉尘堆积、植被演化、山地冰川进退和海岸面变化序列图(参见图 2.1)，记叙了湖泊变迁和标志性哺乳动物兴衰等，讨论了末次盛冰期以来中国古环境的演变历史。

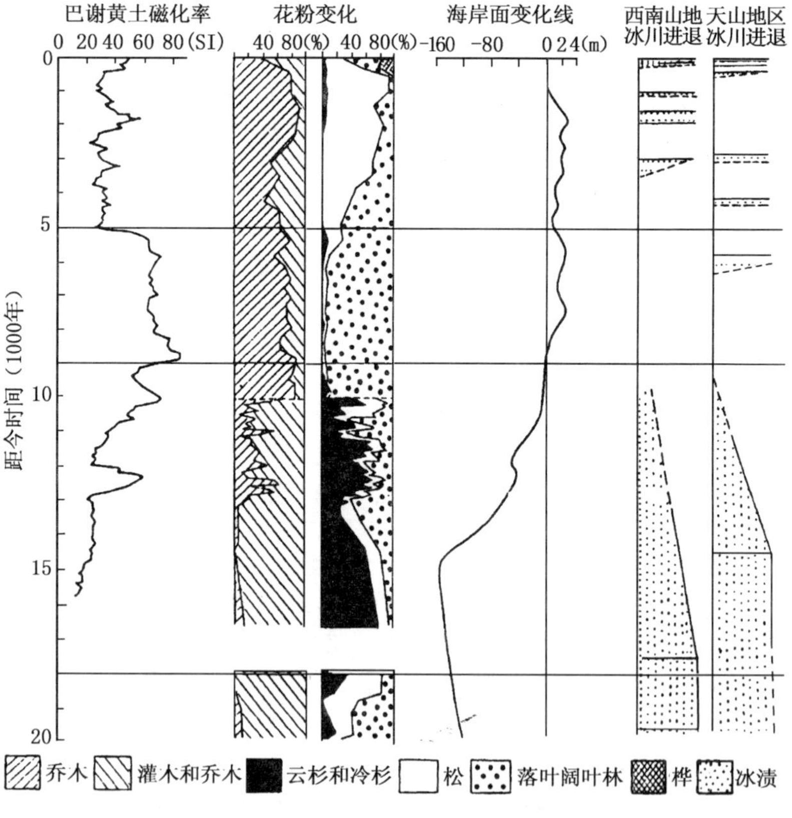


图 2.1 反映最近 1800 年气候变化的低值—生物记录序列及对比
(引自安芷生等，1990)

黄土-古土壤序列反映了全球冰期-间冰期和亚洲季风气候波动的历史。甘肃巴谢(103°24′E,36°42′N)厚16m的黄土-古土壤序列的年代磁化率曲线,是根据$^{14}$C年代和沉积年代标定转换而来的,末次冰期极盛期在距今14 500年前趋于缓和,距今12000年前有一次凉湿波动;距今11000年前气候又突变为干冷,堆积了较低磁化率值的黄土,对应于新仙女水木期(Younger Dryas)颤动;随后向全新世温暖期快速转变,距今9000～5000年为气候适宜期(最佳期),发育多层具有较高磁化率值的黑垆土型古土壤;大约从距今5000年起,气候向干凉方向转变,并显示出新冰期和小冰期的气候颤动。

化石花粉记录了古植被类型及其更替,为估算气候要素值提供了依据。图2.1中的年代花粉曲线是根据湖沼沉积样品的$^{14}$C年代和沉积速率转换而来的。

根据陕西渭南北庄村(109°29′E,34°20′N)沉积序列的花粉分析表明,距今约18000～16000年,该地区花粉含量很少,具有干冷的苔原气候特点,年均温比现今低12℃或更多,年降水量约为200mm或更少。

北京房山(115°50′E,39°33′N)的花粉曲线(图中距今16500～10000年)显示,距今16 500～15 500年时段,气候干冷,从距今14500年开始,气温回升,距今13000～11000年期间有凉湿颤动,特别是距今11000～10250年曾一度出现短时间的干冷气候。约从距今10250年开始,森林植被扩展,草原退缩,表明全新世温暖期的来临。

吉林金川(126°29′E,46°12′N)近10000年的花粉曲线表明,距今约9000～8000年为全新世气候最佳期的盛期,距今约6000～5000年后气候转凉,距今2000年前后气候转冷,最近二三百年桦属花粉剧增,显示了人类活动对环境的影响。与现今相比,距今9000～5000年金川年均温的增温值变化于2.8～5.1℃之间。

海岸面、山地冰川进退曲线与黄土磁化率、花粉曲线基本同步，干冷冰期海面下降且山地冰川前进，而温湿冰后期海面上升山地冰川后退。耐寒冷的猛马象-披毛犀(Mammuthus-Coelodonta)这类个体庞大的哺乳动物群于11000年后，在中国北方迅速灭绝，指示冰后期的全新世来临。

同样，末次冰期以来，内陆封闭湖泊的收缩与扩张敏感地反映了气候变化过程。内蒙古岱海在距今18000年，湖面急剧收缩和湖水咸化，记录了干冷的气候。从距今14000年气候开始转暖，湖面扩大，距今11000年前后出现新仙女木的寒冷颤动。距今10000年进入全新世暖期，湖面急剧扩张达到现今面积的4倍，并持续到距今约4000年，在此期间尚存在着2000年和1000年的准周期波动。距今4000年后，湖泊快速退缩，除了约距今2000年有一次小规模的短期扩张外，一直处于退缩背景上的次级颤动。

此外，据高分辨率密集采样(约10年1个样本)的研究表明，在距今500年、300年、200年出现与小冰期的三次波动相对应的低湖面。

中国大陆特定的地理位置和地貌格局，如平均海拔4000～5000m的青藏高原显示夏季为热源、冬季为冷源的高空大气的热力作用，以及东部陆架区海岸线的大幅度进退，导致中国东部和中部成为季风气候的敏感区。因此，中国内陆的各类地质、生物记录既反映了全球冰期、间冰期气候变化的一般规律，又详细地显示出亚洲季风气候的变迁，后者可视为北半球海洋和陆地表面对放大了的太阳辐射季节性旋回作出的响应。

末次冰期极盛期：在此期间，沙漠扩张，黄土快速堆积，干旱、半干旱区湖面收缩，山地冰川大幅度前进，多年冻土带及高原、干草原带比现今向东南推进了8个纬度，海岸线较现今位置东撤800～1000km(安芷生等，1990)。中国东部和中部的年均温比现今至少低10℃，有可能低12℃以上。降水的变化趋势各地不一，西南季风区变化不大或有所增加，而东南季风区显著减少，黄土高原的年降水量不足现今的一半。

全新世最佳期：随着气候转暖，山地冰川迅速后退及至消失，纬向多年冻土带北撤，干旱沙漠带收缩，半干旱区湖面扩张，草原界线北移至现今位置以北，东部半湿润暖温带落叶阔叶林向北伸展至45°～50°N，亚热带湿润常绿落叶阔叶混交林带的北界可达秦岭以南35°N一线(安芷生等，1990)。海面一度迅速上升，发生海侵，海岸线向陆地推进到现今位置以内。当时的年均温度一般比现今高2～4℃，有些地区可能高到5℃以上。东南季风区年降水量约比现今多100mm。人类文化兴盛，农耕业得到发展。

现代：最佳期后气候向干凉方向变化，并迭加了不同周期和不同幅度的冷暖颤动。总的特点是粉尘堆积速率明显增加，山地冰川前进，长白山山麓的落叶阔叶林被针阔混交林替代，海面缓慢下降致现今位置(安芷生等，1990)。由于人类社会的加速发展及不合理耕作，促进了土壤侵蚀和沙漠化，人类活动对自身生存环境的不利影响不断加剧。最近18000年，中国古环境变迁受制于地球轨道变化引起全球冰量变化产生的全球气候效应，它突出地表现为距今18000年前后的末次冰期极盛期及约距今10000年前从末次冰期向全新世最佳期的转变等。这一转变既迅速(历时不超过百年尺度)又剧烈(平均温度变幅可达10℃以上)，导致植被的快速更替和大型喜寒冷哺乳动物的灭绝，山地冰川迅速消退，生物气候带向北大幅度移动和海平面快速回升等。

大部分地区处中纬地带的中国大陆，受太平洋的东南季风和印度洋的西南季风活动的巨大影响，以夏季季风带来的降水尤为突出。湖泊的扩张与收缩，以流动沙丘和半固定、固定沙丘为标志的沙漠进退，表征干湿季节分明的黑垆土和褐土型古土壤与黄土的交替出现，以及森林与草原植被的更替等，在不同程度上都反映了古季风，尤其是夏季风在中国大陆上的盛衰。

中国海陆分布的地理格局，青藏高原在一定程度上加强了夏季风效应。距今18000年以来，海岸线的大幅度进退，使得中国中部和东部地区与海洋的距离大幅度变化，夏季季风影响的程度相应变化。同时，与北半球气候变化相关的太平洋和印度洋洋流活动和海面温度的变化也是影响夏季风强弱的重要因素。它们决定了中国大陆东部和中部是对夏季风气候反映十分敏感的地区。

为了估算全新世最佳期和末次冰期极盛期古季风对中国大陆的影响，还需讨论这两个时段年降水量的变化。现代植被和土壤所反映的生物气候带与年降水量的分布有着极好的对应关系。现代年降水量 200mm 等值线基本上和现代干旱荒漠草原带与温带半湿润半干旱草原和森林草原的界线相一致；现代年降水量 600mm 等值线大致和温带半湿润半干旱草原、森林草原带与温带森林带的界线接近。东部地区年降水量 1000mm 等值线则和温带森林带与亚热带湿润常绿阔叶、落叶阔叶混交林和常绿阔叶林带的界线相一致。

以上述现代生物气候带界限所具有的年降水量表示过去同样生物气候带界限上的年降水量，则可粗略地重建距今 18000～15000 年和 9000～5000 年两个时段年降水量的分布状况（安芷生等，1990）。显然，距今 18000～15000 年的降水量等值线向东南方向大幅度退却；距今 9000～5000 年的降水量等值线则明显向西北内陆推移。这一现象可用东南季风对中国大陆的影响及其带来的降水量的变化来解释。若将现代中国季风区域北界用夏季极锋位置来表示，将年降水量在距今 9000～5000 年和 18000～15000 年两个时段的差别理解为季风进退、盛衰所致，那么可分别据现代的降水量等值线与极锋位置的相对位移，重建两个时段古极锋的位置，用以表示两个时段东南季风区域的北界。

前述古环境特征并未涉及人类活动对自然环境变迁的迭加作用。若以 $10^3$～$10^4$ 年的尺度来研究大范围的环境变化，人类活动的作用暂可不计。但近 10000 年来中国地质、考古和历史记录表明，人类活动与自然环境变迁之间存在着极其复杂的相互作用关系，主要表现在以下相互关联的两个方面。

早期人类文化的发展受到特定自然环境及其演变状态的制

约。据现有资料,黄河中游至迟在距今约 1 150000 年已有古人类活动。经历了漫长时期的古人类演化之后,在距今约 7000～5000 年前,黄河中游人类文化发生一次巨大的飞跃,产生了以旱作农业为重要特征之一的彩陶文化,即仰韶文化。它之所以在距今约 7000～5000 年前广泛出现在黄河中游(安芷生等,1990),据文献,除了人类文化发展本身的内动力之外,显然与冰后期全球性气候迅速转暖,并在距今约 9000～5000 年前出现近几万年来最适宜的气候环境密切相关。估计当时黄土高原年降水量比现今多约 100mm,年均温比现今高约 2～4℃以上。在已被侵蚀切割的黄土塬、黄土丘陵及河谷区,草原和森林草原植被繁茂;在黄土地母质上发育了黑垆土、褐土型的适宜于耕作的土壤。这样,我们的祖先在经历了与末次冰期严酷自然环境作斗争,累积了大量的利用和改造自然的知识和技术之后,利用距今约 7000～5000 年前黄河中游优越的自然条件,创造出旱作农业和光辉灿烂的彩陶文化。

中国丰富的历史记录证明,人口增加和人类的不合理利用,只能导致大自然的报复。从历史记录中分辨人类活动的环境后果,深入研究人类活动与自然环境相互作用的过程,应予以足够的重视。

最近 18000 年中国环境变迁的各种记录基本同步,以风尘堆积(黄土)和湖相记录较为完整,并具有较高的时间和气候分辨率。下面以巴谢黄土的记录作为进行全球对比的中国记录。巴谢黄土-古土壤序列的磁化率曲线可视为反映气候变化的代用曲线,将它作为中纬地带的代用气候与低纬湖面变化记录和高纬冰芯氧同位素记录相比较(An Zhisheng,1989),表明最近 18000 年北半球大陆的古气候记录可以相互对比。距今约 12000 年前后较温湿,此后干冷气候短暂恢复,并在距今 11000～10000 年快速向全新世冰后期温湿气候转变。中纬湖面变化记录与黄土磁化率记录颇为相似,在距今 9000～5000 年间反映了较大的湿度;距今 5000 年以后,似有变干燥趋势,但含有多次干湿波动。冰芯记录所显示的温度和冰量变化直到距今 7000 年后才趋于相对稳定状态。

将这三个气候记录与距今 18000 年以来北半球外部作用力和内部界面状况的主要变化图式(An Zhisheng,1989)相比较,显示中、低纬气候变化与地球轨道变化引起的太阳辐射季节性旋回的振幅变化基本同步。距今 12000～6000 年振幅较大,它与这一时期低纬湖面上涨、中纬风尘堆积速率减小相一致。太阳辐射的季节性旋回振幅最大值出现在距今 11000～10000 年前,而地质气候记录指示的气候适宜状况出现在距今 9000 年前后,这可用辐射效应滞后于辐射本身的变化来解释。

北半球海洋和陆地表面将对放大了的太阳辐射的季节性旋回(用当时北半球 6～8 月份和 12 月至次年 1 月份太阳辐射与今天的差值百分数表示)作出响应。但基于海洋水体热容量显著大于陆地,在夏季有助于陆地低气压和海洋高气压的产生,在冬季情况正好相反,太阳辐射的季节性差异将放大季风环流,增强北半球中、低纬地带的夏季季风和冬季季风,距今 9000 年夏季风增强效应尤其突出。看来,这不但是低纬带湖面上涨,而且是使中国东部中纬度气候变温湿的主要原因。因此,在研究最近 18000 年中国古环境史时,必须考虑古季风效应,并以此来审视过去的环境记录。当然,冰期-间冰期转换所引起的北半球下垫面,例如冰盖、高原和高山的冰雪,以及沙漠和黄土等的变化,是已经并要继续考虑的重要因素。

确认现今气候在环境变迁史上的位置,可为未来环境的预测提供背景。以磁化率为代表的粉尘堆积速率曲线(张德二,1980;张家诚,1976;竺可桢,1973)指明,现今处于温暖的冰后期。最近约 5000 年的中国历史气候曲线、最近 500 年的上海冬季温度曲线以及 1880～1960 年上海的年均温曲线都显示,最近几十年的气温处于上升阶段。总之,中国中部、东部的现今气候,在不同时间尺度的气候变化序列中,似均处于温暖或相对温暖的位置。

不同时间尺度的中国长期气候变迁序列的研究指出,2500000 年序列中的约 100000 年、40000 年和 20000 年的周期,130000 年序列中的20000年和40000年的周期，18000万年中的千年尺度的周期与地球轨道要素和太阳辐射的季节性旋回和周期性变化紧密相关。中国更新世以来古气候的变迁、陆地生态系统对气候变迁的响应都与地球轨道要素变化引起的有效太阳辐射、下垫面状况(包括冰雪覆盖、海陆分布和地形)的变化、火山活动以及不断加剧的人类活动等紧密联系。

以上所述可作为未来增温效应引起中国古环境变迁的极初步的宏观相似模型。代用气候序列的分析表明，中国当今处于长期气候变迁中较温暖阶段。

# 干旱与干旱区

## 干旱的定义

一般地来说，干旱是因雨量不足导致土壤、气候干燥。随着人们对干旱认识的逐步深入，人们已认识到干旱不仅仅与雨水盈亏有关，也与下垫面条件与需水要求等相关联。由于学科不同，研究角度不同，“干旱”一词有着不尽相同的含义。归纳起来，干旱的定义可分为四类，即气象干旱、水文干旱、农业干旱、社会经济干旱等。

**气象干旱**：指某时段内降水少、大气干燥、蒸发量大的一种异常气候现象。其主要研究的对象是大气的干、湿程度，与研究区域的气候变化特征紧密相关，通常用某时段的降水量是否低于多年平均值来定义。

气象干旱指标：常被用来描述气象干旱的指标有：

①雨量指标。用降水量频率为50%、75%、95%的相应降水量值；

②根据农谚或透雨量确定指标；

③降水距平、均方差法；

④湿润度和干燥度指标。降雨量与蒸发能力之比称湿润度；蒸发与降水之比称干燥度。这是一种表示水分收支的综合指标。气象部门对此研究较多，制定了许多湿润、干燥度模式（主要是确定式中蒸发能力项）。虽然该指标已考虑了下垫面条件，但从理论上讲这些指标仅适合于讨论气象干旱问题。因为这些指标中蒸发能力大多是指在充分供水条件下的土壤蒸散量，不能反映作物的需水情况，以及土壤各时期可供水情况；

⑤无雨日干旱指标；

⑥帕尔默(Palmer)指标。帕尔默指标是一个被广泛用于评估旱情的指标。该方法引入了水量平衡概念，又考虑了供需关系，具有较好的时间、空间可比性，能够描述干旱形成、发展、减弱和结束的全过程。帕尔默方法的最大贡献是首先提出了当前情况下的气候上适应阀水量概念，以及用气候特征权重因子修正水分异常指标，使得各代表站之间，各月之间的干旱程度可以比较。但是，用帕尔默指标讨论水文、农业干旱有待商榷，因为该指标中有些假定不符合水文学中水平衡理论。如假定某月的可能降水是这个月正常降水的 3 倍具有相当的任意性，又因为该指标的适宜降水是建立在多年平均降水的基础上，与农作物需水联系较小。

**水文干旱**：指一种持续性、地区性广泛的河川流量和蓄水量较常年偏少，难以满足需水要求的一种水文现象。主要讨论水资源的丰枯状况，但必须指出，水文干旱与枯季径流是两个不同的概念。

水文干旱指标：一般是通过以下四项工作来确定水文干旱指标：

①确定缺水的性质，可通过分析降水量、土壤含水量及河道流量与干旱的影响关系明确缺水的性质；

②分析确定时间的完整周期，它是确定实测水文资料中干旱事件次数的两个因素之一。令干旱分析中水文资料计算平均时段为小时、天、月、季节、年等；

③确定截断水平，用以区分水文记录中干旱与其它事件，截断水平是干旱特性描述的另一决定性因子。依据其分析的目的确定，如着眼于消耗流域蓄水补给河川径流的极限，截断水平取各年径流量最小值中最大者，亦有截断水平用以反映现有可供水的社会经济要求，如年平均流量可以用来代表一个城市对现有河道流量的期望需要；

④区域性分析方法的选择。由于单站水文资料太短，不能对干旱统计提出足够的估计，局限于单站的分析一般是不可行的，通过考虑不同地形的大面积水文资料间的相互关系，可扩大水文信息。

**农业干旱**：指作物生长过程中因供水不足，阻碍作物正常生长而发生的水量供需不平衡现象。农业干旱主要与前期土壤湿度，作物生长期有效降水量以及作物需水量有关。

农业干旱指标：研究者借鉴气象干旱和水文干旱指标如降水距平等方法讨论农业干旱问题。由于农业干旱与气象、水文干旱既有联系又有区别，又因为农业干旱与降水、蒸发、下垫面、作物品种等因素有关，因此用气象、水文干旱指标分析农业干旱虽可以反映一些农业干旱状况，但不能全面地、客观地反映农业干旱问题。现存的指标为：

①作物旱象指标。通过观察作物生长状况判定是否发生旱象；

②供需水关系指标。一般数学式为：

$$K = \frac{P}{E}$$

$$K = \frac{P + P_u}{E}$$

$$K = \frac{P_u + (P - R) - h}{E}$$

式中 $P$ 为某时段的降水量；$E$ 为相应时段内的作物需水量；$P_u$ 为前期土壤含水量；$R$ 为时段内径流量；$h$ 为深层渗漏量；$K$ 为某时段的旱涝指数。应该指出，这里 $K$ 值的内涵与气象的湿润度 $K$ 值不同，因为这里的 $E$ 不是水面蒸发量，而是作物需水量；

③土壤含水量指标。作物生长需要的主要水分来源于土壤，土壤中水分含量多寡直接影响作物根系吸水情况，当土壤含水率低时，作物根系吸水困难，吸取的水分满足不了作物生长需要，故阻碍作物正常生长。常用的土壤含水量干旱指标有两种：一是用实测含水率判定旱象，依据阻碍作物生长的土壤含水率实验数据判定旱象是否发生；二是用土壤消退模式拟定旱情指标，根据水分平衡原理，计算各时段末的土壤含水量，判定干旱是否发生。

**社会经济干旱**：指由于经济、社会的发展需水量日益增加，以水分影响生产、消费活动等来描述的干旱。其指标常与一些经济商品的供需联系在一起，如建立降水、径流和粮食生产、发电量、航运、旅游效益以及生命财产损失等关系。

社会经济干旱指标：社会经济干旱指标主要评估由于干旱所造成的经济损失。通常拟用损失系数法 $\beta = F(t, d, I\Lambda\Lambda)$，即认为航运、旅游、发电等损失系数与受旱时间 $t$、受旱天数 $d$、受旱强度 $I$ 等诸因素存在一种函数关系。

虽然各类干旱指标可相互借鉴引用，但其结果并非能全面反映各学科干旱问题，要根据研究的对象选择适当的指标。

## 中国干旱区的形成条件

中国干旱区的形成，是与地理位置，大气环流系统、大区域地貌特征相联系的。

位居欧亚大陆中心，水汽来源匮缺，降水稀少，成为欧亚大陆干旱中心：一般而言，降水是区域水分的主要水源，降水量多的区域，往往是湿润的区域。我国西北地区，降水稀少，年降水量在200mm 以内。

新疆吐鲁番盆地的艾丁湖、塔里木盆地南缘的且末、青海柴达木盆地的冷湖等地，年降水量仅 10mm 多，甚至多年不下滴雨，成为欧亚大陆的旱极，所以成为降水稀少的中心。

干旱区主要是由地理位置决定的。通常情况下，降水的水汽来源，主要来自热带、副热带的海洋，从海洋蒸发聚集的水汽，在大气环流的作用下，吹向大陆，沿途冷却而凝结成云致雨。因此，离海越远，降水就越少。

我国西北干旱区，位于欧亚大陆的腹地，四周距海洋遥远。欧亚大陆是世界上最大的陆块，陆地面积 $5.408\times10^7km^2$，是非洲大陆的 1.85 倍，北美大陆的 2.25 倍，南美大陆的 3.04 倍。

如以我国西北新疆的哈密为例，它东距太平洋 3000km，西方和北方离大西洋、北冰洋 7000km，南距印度洋 2000km。

无论从哪个海洋输送的水汽，经过远途运行损失，到达本区的均成强弩之末，降水也就非常稀少了。

我国西北干旱区域，水汽来源主要是三个方向：

一为东部太平洋水汽，在季风气候作用下，水汽主要随夏季海洋气团自东及东南吹向本区，中间经过燕山、太行山、秦岭、吕梁山、黄龙山、六盘山、贺兰山的层层阻隔，影响区域通常只可到达河西走廊东段，偶尔可到达甘新边界；

二为西部大西洋和北冰洋水汽，其中大西洋水汽在中纬西风带大气系统影响下，经过远达 7000 km 的远行，仍可到达新疆西部，是新疆西部山地及天山的降水水汽来源之一。北冰洋则差不多只能波及阿尔泰山及准噶尔盆地；

三为南部印度洋与孟加拉湾的水汽，在西南季风的引导下北上。虽然气团最大垂直尺度可达 7000m，但要翻越海拔超过 8000m 高的喜马拉雅山，以及平均海拔超过 4000m 高的西藏高原及其上的更高山峰壑，只有当海洋强风暴爆发时，水汽才能到达柴达木盆地的东南边缘，带来较少的降水。

上述三个水汽气流难于到达的地方，以新疆吐鲁番盆地—塔里木盆地东南缘(且末)—柴达木盆地西部(冷湖)连线构成的区域，遂成为最干旱的区域，其中吐鲁番盆地的托克逊，多年平均降水量 3.9mm，且末为 18.3mm，冷湖为 17.6mm。以此最干旱区域为中心，向东、向西、向北雨量逐渐增加。向东至河西走廊的敦煌增为 29.4mm，民勤为 110.2mm，黄河河套平原银川为 205.4mm。向西至喀什为 61.3mm，向北至伊宁为 257.6mm，额尔齐斯－乌伦古河流域的阿勒泰为 191.5mm。随着降水量的增加，绿洲农业愈益发达。研究降水与干旱区域关系，也是研究绿洲形成发展及进行绿洲建设的基本内容(申元村，2001)。

位于西风带环流系统，加剧了本区干旱：我国干旱区在地理纬度上，主要位于 35°～50°N 之间，温度地带上属于温带，位于极锋及其行星风系区，处于西风带控制之下，高空长年盛行西风。风向从欧亚大陆西端的大西洋北海一带进入大陆，空气中富含丰沛的从大西洋蒸发而获得的水汽。向东运行进入欧亚大陆后，水汽因上升凝结成雨滴降落。

例如，夏天的北海，平均气温约 13～15℃，蒸发水汽进入大气后，每上升 100m，温度下降约 0.5℃，在海拔 3000m 的高空上，气温约为 0℃，便可凝结成雨滴，形成降水。水汽在向东运行中不断损失，到我国新疆一带，大体已运行了 7000km，空气所含水汽含量已少，降水量亦很甚微，因此，进入我国西北地区时，空气中可降水量以相当少。

由此可见，我国干旱区所处欧亚大陆腹地的位置及行星风系上的温带纬度，西风气流带来的水汽较少，是造成该区降水稀少，引发干旱的基本原因之一。

高原地貌和青藏高原隆升，加剧了季风的形成和干旱程度的发展：高耸的青藏高原是导致中国北方特别是西北地区干旱的主要原因。

由于青藏高原平均海拔高度在 4500m 以上。已有的研究表明，青藏高原相对于周围的大气是一个热源。由于垂直尺度较大，高耸的青藏高原就像一个高大的烟囱在对流层的中上部加热大气。因此，在高原上空形成了强烈的上升运动，而在高原的四周产生下沉运动，其中位于高原北部的下沉气流是造成西北地区的干旱区一个主要原因。

已有的数值模拟研究结果指出，正是由于青藏高原的隆升，我国才成为著名的季风区。因此我国西北区域干旱环境的形成发展，与地质构造和地貌格局关系至为密切，现代地貌格局的形成，更直接导致季风系统的出现和干旱的加剧。

从历史演变的过程来看，有关地质史研究成果表明，我国西北干旱区域，从白垩纪(距今 $1.35\times10^8\sim0.7\times10^8$ 年)开始，至早第三纪(距今约 7000～2500 万年)即已形成干旱的气候环境，但造成干旱的原因与现代不同。当时，西北大陆已隆升，占据西北区域位置，特提斯海已向印度洋后退，欧亚大陆已连成一片，海拔不足1000m，处于行星风系的东北信风控制之下，与长江中下游流域连结成亚热带干旱气候，自然景观为亚热带稀疏草原，尚属于半干旱气候环境，但从晚第三纪开始($2.5\times10^7$ 年)，喜马拉雅造山运动使青藏高原开始大面积强烈隆升，海拔迅速从 1000m 左右上升到第四纪中更新世时(距今约 1000000 年)的 3000m 以上。

晚更新世至全新世初期(距今约 10000 年)，青藏高及其周围山岭继续抬升，高原面的平均海拔高度已达 4000m，山原整体面貌与现代地貌格局已相仿佛。青藏高原的隆起，改变了我国大陆的环流系统，一方面使原来存在于大陆中心的冬季弱高压得到加强，同时将弱高压中心(北纬 30°，拉萨附近)向北移至现今西伯利亚—蒙古区域(大约 55°N，90°E 附近一带)，成为冬季高压中心，并向周围吹拂，形成大陆性季风气候，不仅干燥而且寒冷。在向南吹向我国北方疆域时，受到青藏高原顶托，约在 97°N 附近形成西北风和东北风的分野，前者吹向东南，笼罩我国东南半壁，后者吹向西南，直到塔克拉玛干沙漠西南部尼雅河附近，又为西北风取代(赵松乔，1985)。此时整个西北及青藏高原北部干冷少雨，且大风加速地面蒸发，成为中国干旱区最干旱的季节，亦是沙漠化过程发生的主要季节。只是到了夏半年，太阳移至北半球，我国北方内陆受太阳辐射强烈，地面迅速升温，形成低气压，而东部海洋升温慢，出现海洋高压，风向从海洋吹向内陆，并由此带来水汽和降水，才使干旱过程得到减弱。这种大陆性气候和海洋性气候分野的特点，亦即季风气候的特点，在我国表现得最为突出。但由于距海远近以及重重山岭的阻拦，海洋季风的影响从东向西减弱，从而使我国西北内陆仍然成为干旱区域。

### 中国干旱区的划分指标

地学意义上的干旱区是一个综合概念。我国学者对干旱区的认识，尤其是气候学家，首先着眼于干旱气候的成因及其类型划分，并进行干旱区划；但对不同领域而言，认识仍有颇大不同。

## 中国的干旱区及干旱发展趋势

中国干旱区面积辽阔，集中分布于我国的西北，是气候干燥(降水小于蒸发)，农耕需要灌溉，自然地理景观属荒漠或半荒漠的区域。这一区域包含了中国综合自然区划中的西北干旱区和青藏高原北部高寒干旱区。前者面积约 $2.8\times10^6 km^2$，占国土面积的 29.3%，后者面积约 $2.2\times10^6 km^2$，占国土面积的 23.2%，两者合计占国土面积的 52.5%。范围大致与中国防治荒漠化协调小组办公室公布的数字相当。

### 中国干旱区的划分原则

水分是划分干旱地区的最主要因子，因此干燥度和降水的分布是划分干旱区的首要考虑因子。由于我国西部地形复杂，温度差异大，也必须考虑反映热量的因子。因此，对上述因子考虑的偏重不同，对干旱区的划分有着差异。

根据年干燥度(徐淑英，1991)，以干燥度系数 1.5 作为干旱区与非干旱区的界线，这条线的东南侧与西北侧，不仅是森林与草原的分界线，也是以农业生产为主或以畜牧业为主地区的分界线。线的东界以大兴安岭和内蒙古自治区与部分东北三省为界，到阜新和朝阳以北转向西去，经过华北、燕山、太行山，到太原以南向西南行，经过陕北、甘宁南部经青海到西藏高原南部。

因此，这里所讨论的干旱区域基本上包括新疆、宁夏、内蒙古和西藏四个自治区；甘肃、青海大部及陕、晋、冀北部地区。这条年干燥度 1.5 线的分布与 1951～1980 年 30 年平均年降水量 500mm 线，除黑龙江省一段外，走向基本一致（徐淑英，1991）。可见我国干旱区面积之广大，约占全国土地面积一半以上（52.5%）。

由于我国西部干旱地区从新疆北部到西藏南部跨越 20 多个纬度，有盆地，有高原，还有高山，气温分布有很大差异，介于不同的气候带。热量是作物生长和人类活动的必要条件，它与气候带有密切联系，因此参考气候区划中热量指标，即日平均气温稳定通过 10℃日数与积温作为划分气候带指标。青藏高原除柴达木盆地，海拔在 2500～3200 m 之间，其它大部地区地势很快上升到 4000m 以上，气候寒冷。徐淑英取＞10℃积温 2000℃等值线，它沿高原边缘自北而南将青藏高原与北部干旱区域分开。

干燥度 1.5 线又将青藏高原分为西北和东南两部分（徐淑英，1991），西北为高原干旱区域。由于青藏高原与其以北干旱区气候有较大区别，就将我国干旱区域分为两大类：前者称为青藏高原干旱类(H)，后者为北方干旱类(N)，又按一般热量指标将干旱区域分为适当的气候带（参见表 2.1）。

**表 2.1　干旱气候带指标（引自徐淑英，1991）**

| 类型 | 气候带 | ≥10℃天数（日） | ≥10℃积温（℃） |
|---|---|---|---|
| 北方类(N) | 北温带（Ⅰ）<br>中温带（Ⅱ）<br>暖温带（Ⅲ） | ＜100<br>100～150～175<br>150～175～225～250 | ＜1600<br>1000～3200～3500<br>3200～3500～4500～4800 |
| 高原类(H) | 寒带（Ⅰ）<br>亚寒带（Ⅱ）<br>温带（Ⅲ） | 没出现<br>＜50<br>50～150 | 0<br>＜500<br>500～2000 |

再对比年干燥度及年降水量（徐淑英，1991）按干旱程度分为三种型：半干旱型(C)、干旱型(D)和极干旱型(E)。表 2.2 所示为干旱型指标及相应的自然景观。

表 2.2 干旱气候型与自然景观(引自徐淑英,1991)

| 类型 | 年干燥度 | 年雨量(mm) | 自然景观 |
|---|---|---|---|
| 半干旱型(C) | 1.5～4.5 | 200～500 | 草原 |
| 干旱型 (D) | 4.1～15.0 | 50～200 | 半荒漠 |
| 极干旱型(E) | ＞15.0 | ＜50 | 荒漠戈壁 |

张煜星根据荒漠化气候类型湿润指数区划法的结果和我国一直沿用的干燥度法气候区划资料,结合我国特定的气候、自然地理条件对其进行对比和分析认为,直接利用湿润指数法对我国进行气候类型划分,其结果大体上与我国的气候特点一致,但也存在一些差异。

这些差异表现为,这种划分使我国的湿润区面积有所扩大,达到国土总面积的 62.8%,半干旱区面积有所缩小,仅占国土总面积的 2.6%,荒漠化区占 34.6%,各个气候类型区有所北移。利用湿润指数与干燥度相关性的理论推导,求出了由干燥度推导的湿润指数荒漠化气候类型区划面积,其结果是我国的湿润区面积占国土总面积的 44.5%,极干旱区面积占 5.4%,荒漠化区占 50.1%。但这种推导仅是一种理论求值方法,不能作为实际准确的数据应用,其目的仅在于对荒漠化范围的修正。

荒漠化气候类型区划直接确定了荒漠化范围,对在我国荒漠化地区落实一系列与之相关的政策、法律、方针等战略性的重大政策措施的实施具有直接影响作用。同时,也直接作用着我国荒漠地的监测、治理等技术措施的实施方向。因此,有着重要意义。

《联合国防治荒漠化公约》(1994)给出了荒漠化明确的范围,即大于等于 0.05 且小于 0.65 的区域,湿润指数大于等于 0.65 为湿润区。

中国林业科学研究院等单位在我国首次应用《联合国防治荒漠化公约》所指定的湿润指数法进行了荒漠化气候类型划分,基本上确定了我国荒漠化的范围。但就我国特殊的气候、自然地理条件而言,有必要对其进一步研究。

**湿润指数气候区划**：湿润指数是指年降水量与潜在蒸发散之比。潜在蒸发量是采用 Thornthwaite 的经验公式计算的。根据这一指数的划分，我国干旱、半干旱和亚湿润干旱区（即湿润指数 0.05～0.65 的地域）的主体南界大体为大兴安岭西麓、锡林郭勒高原北部向南穿过阴山山脉和黄土高原北部，向西至兰州南部沿祁连山向西，然后向南绕过柴达木盆地东部，向西抵达青藏高原西南部。在此以北的干旱区（湿润指数 0.05～0.20）内呈岛状地分布着几处湿润指数在 0.05 以下的极端干旱区，其总面积为 $2.534\times10^5$km$^2$。

在湿润指数大于 0.65 的湿润区还零散分布着 18 个湿润指数小于 0.65 的岛状区域，这些岛状区域主要分布在 120°E 以东，36°～45°N 之间，其中包括西辽河流域、黄河三角洲及其北部、太行山以东北至大兴安岭，南至河北磁县的山前地区，宣化、怀来和大同盆地、忻定盆地、太原盆地等，另外在天山山区、横断山区、藏南山区和海南岛西部也有分布。

根据湿润指数法计算，我国干旱、半干旱和亚湿润干旱区总面积为 $3.317\times10^6$km$^2$，占国土面积的 34.6%，分布于新疆、内蒙古、西藏、青海、甘肃、河北、宁夏、陕西、山西、山东、辽宁、四川、云南、吉林、海南、河南、天津、北京等 18 个省（市、区）的大部分或一部分，涉及 471 个县（市、旗）（张煜星，1998），我国各气候区的面积占国土面积比约分别为极干旱区占 2.6%、荒漠化区占 34.6%（干旱区 14.9%、半干旱区 11.9%、亚湿润干旱区 7.8%）、湿润区占 62.8%。

**干燥度气候区划**：我国以往的气候区划方法也有多种。比较通用的是中国科学院自然区划工作委员会的中国气候区划，它是根据干燥度来进行气候区划的，划分方法是：干燥度＞16.0 为极端干旱区；4.0～16.0 之间为干旱区；1.5～3.99 之间为半干旱区；1.00～1.49 之间为亚湿润干旱区；干燥度＜1 为湿润区。

干燥度系指年蒸发量与降水量之比，这是根据前苏联 R.R.

温良尼诺夫的经验公式计算的。原公式中的经验系数为0.10,我国科学家经过推算,将0.10改为0.16。根据这一指数的划分用16.0等值线作为极干旱与干旱区的分界,此线与塔里木、柴达木盆地、巴丹吉林和腾格里沙漠边缘一致,年降水量在60毫米以下,与我国荒漠景观大体吻合;用4.0等值线作为干旱区和半干旱地区分界线,此线与旱作农业西线相一致。用1.5等值线作为亚湿润干旱区和半干旱区分界指标;用1.0等值线作为湿润和干旱亚湿润区的分界线,此线与淮河秦岭一线基本一致,这一地区我国普通认为其潜在蒸发量与降水量接近平衡,是干燥和湿润气候之间的分界(张煜星,1998)。

根据这一指数区划,我国各气候区的面积占国土面积比约分别为,极干旱区占10.1%、荒漠化区占63.8%(干旱区19.6%、半干旱区22.9%、亚湿润干旱区21.5%)、湿润区占26.1%。

我国是《联合国防治荒漠化公约》缔约国之一,国内荒漠化区域应按照该《公约》的荒漠化概念界定,即按湿润指数法进行气候区划。对比上述两种方法的气候区划(由表2.1和表2.2比较)不难发现,用湿润指数法和干燥度法对我国的气候区划,总体方向和基本区域一致,但也存在一些差异,其原因在于:

①湿润指数法与干燥度法对干旱与湿润的区域在理论上界定不同。湿润指数把湿润区定义为年降水量与蒸发散之比大于0.65的地域,而干燥度则把湿润区定义为年蒸发量与降水量之比小于1的地域。显然,湿润指数法定义的湿润区域从理论上要比干燥度法较大,它所定义的极干旱区域却较小,气候带有所北移是必然的;

②湿润指数法是Thornthwaite的经验公式,干燥度法采用的是谢良尼诺夫的经验公式计算的,即计算式不同。前者是在美国中东部湿润气候下拟合的经验公式。在我国应用于气候区划没有进行过系数修定,其结论是在没有对其进行修定的条件下求算的(徐淑英,1991),后者在我国的应用实践中将原来公式中的经验系数

0.10 修改为 0.16。显然，Thornthwaite 经验公式在我国的应用同样存在是否进行修定的问题，值得进一步研究。

综上所述，这两种气候区划方法在理论上和计算公式上都存在差异，其结果必然不同。但这两种方法都属于温度法，即利用陆面蒸发量与温度的相关性求算的。前者用大于 10℃的积温，后者用月平均温度。

人类活动对气候变化存在较明显的影响作用，工业化以来，由于大量燃烧煤炭、石油，使大气中 $CO_2$ 等能导致温室效应的气体浓度增加，使全球或世界局部范围气候变暖。

气候变暖在一定程度上会增加土地荒漠化的正过程，同样，荒漠化的发展也会反馈到全球的气候变化。气候变化中虽明显的是气温和降水量的变化，因而，不论用那种方法进行气候区划，其各气候区域的边界由于气候的变化，以及占用计算资料的丰富程度而变化，可以说用同一方法在不同年度进行的多次气候区划计算所确定的各气候区域边界是多条曲线，但每一气候区域边界在一定的范围内波动，那么如果要在荒漠化监测的生产实践中准确地界定各荒漠化气候区域的边界，而且它能与我国具体的自然地理条件、气候状况等相适应，就必须充分地利用在我国已得到公认且与我国的具体自然地理条件基本相适应的干燥度气候区划资料。我国过去积累的大量气候资料及有关著作和研究成果，也大都是在干燥度气候区划的框架下进行的。

我国的沙漠戈壁主要分布在极干旱地区，不但降水量极小，而且潜在蒸发量很大，如新疆塔克拉玛干沙漠地区的年降水量在 25～50mm 以下，阿拉善地区约为 50～150mm，巴丹吉林沙漠内部降水量也在 50 毫米以下。我国沙漠的面积为 $7.129\times10^5 km^2$，戈壁为 $5.6\times10^5$～$9.5\times10^5 km^2$，其中仅塔克拉玛干沙漠面积就为 $3.376\times10^5 km^2$。从表 2.1 极干旱区面积 $2.534\times10^5 km^2$，这个数字仅占我国沙漠戈壁面积总和的 19.76%，比塔克拉玛干沙漠的面积还小。干燥度法所确定的极干旱区面积约为 $9.73\times10^5 km^2$，占我国沙漠戈壁面积总和的75.87%。

从部分地区的气候自然条件分析,如青海省共和盆地(共和、贵南、兴海及乌兰县等)海拔较高,下垫面植被覆盖度小,沙地面积大,年降水量在300～400 mm之间,但主要分布在7～8月,占总降水量的80%以上。盆地风大、蒸发量大,干燥度在3.9以上,有明显的季节变化。

冬春季干燥度在27.3～113.2之间,属极端干旱型;夏、秋季干燥度为2.2～4.2之间,属半干旱、干旱气候型。这一地区沙漠化较为严重,极重沙漠化土地占总面积的7.46%,强度沙漠化土地占4.72%,中度沙漠化土地占23.55%。

宁夏回族自治区的固原、隆德、西吉等县及部分县未划入荒漠化区的地线,从其年降水量、潜在蒸发量、沙漠化程度等气候、自然条件分析,应属于较典型的荒漠化地区,降水少,蒸发量大,沙漠化,水土流失严重,受荒漠化危害均较为严重,但都未能列入荒漠化范围。从总体上讲,河北省如廉保县、张北县、丰宁县等,山西省右玉、阳泉等地,吉林跳南等,辽宁彭武、阜新等,黑龙江齐齐哈尔、泰来、杜蒙等,陕西省延安地区志丹、子长等,甘肃省天水地区之北的陇西、渭源等,青海的贵南、共和等县,宁夏的固尽、隆德、彭阳等县,其自然条件都较为恶劣,气候干燥,年降水量少,蒸发极大,受荒漠化危害非常严重。

用干燥度法和理论推导法,这些地区都属于干旱、半干旱、干旱亚湿润区域范围,是否划入荒漠化范围,需要继续研究。

荒漠化是一个土地发展过程,甚至是一个漫长的土地退化过程,包含极其复杂的因素,生产方式落后,经济条件贫困,不合理的人为活动是土地荒漠化的重要原因,特别是农牧交错地带尤为突出。

《联合国防治荒漠化公约》所定义的荒漠化范围是一个气候区域,而气候不是一成不变的,加之,在界定荒漠化范围时由于利用气候资料的丰富程度不同,其每次结果都不能相同。

## 中国干旱区区划

**干旱气候区**：根据表 2.1 和表 2.2 各种指标及有关文献（徐淑英，1991），并参阅＞10℃积温和日数图等，将北方干旱类分为八个区，在原基础上将青藏高原干旱类分为七个区（徐淑英，1991）。各区以地区命名。

北方干旱类(N)：在新疆地区由天山山脉分为南疆和北疆两部分，天山地区为中温带半干旱区，以北有阿尔泰半干旱区与准噶尔盆地干旱区。天山以南为南疆暖温带极干旱区，南疆以东有巴丹吉林-腾格里中温带极于旱区，再向东干气候逐渐缓和，如甘宁蒙干旱区、蒙中宁和蒙东半干旱区等。

青藏高原干旱类(H)：柴达木盆地为温带极干旱区与其以西海拔最高的北羌塘寒带干旱区，南羌塘亚寒带半干旱区及阿里高原温带干旱区和其以东和东南的祁连山亚寒带半干旱区，西宁温带半干旱区以及南部藏南半干旱区。在塔里木盆地到四周高原或山地，由于高差大，气候变化大，中间都应有一个干旱区过渡。此外，西部地区多山，山顶常年积雪，气温低，气候可能不干燥。但因这些地区地理环境变化复杂，并缺乏资料，现将两种干旱类由北向南及干旱程度不同给出各区水热气候指标列于表 2.3。

干旱程度的比较：一般用年最大可能蒸发量 ($E$) 与年降水量 ($R$) 之差表示某一地区水量平衡状况或干湿程度。这里用这两个要素变化来证明区划的正确性。沿 40°～42°N 中温带和暖温带自西向东的纬度带上，水分最缺乏是在 80°～105°E 地区，该地区经过塔里木盆地与巴丹吉林、腾格里干旱沙漠区。由此向东经过甘宁蒙到蒙中宁和蒙东半干旱区，这里最大可能蒸发量与降水量线逐渐接近，它表明干旱程度逐渐缓和，到 120°E 附近这两条线接近，也就是说水分接近平衡；在 105°E 以东的半干旱区降水少时，干旱加重，多时接近水量平衡的好年景。同是半干旱区，天山地区（在 43°～44°N 附近）要比阿尔泰地区（在 47°～48°N 附近）的气候干燥一些。同是盆地的南疆位置偏南(37°～43°N),且四周山脉比北疆(44°～47°N)高而封闭严密,它位于青藏高原北坡,终年在高空高压脊控制下,气温高,蒸发量大,降水量少,因此定为极干旱区。如吐鲁番盆地年降水量平均仅16.8mm,盆地中托克逊年降水量才7 mm,最少年(1968年)只有0.5 mm。

**表2.3 干旱区与气候指标**(引自徐淑英,1991)

| 类型 | 区名与区号 | 年干燥度 | 年雨量(mm) | ≥10℃天数(d) | ≥10℃积温(℃) |
|---|---|---|---|---|---|
| 北方干旱类(N) | 阿尔泰中温带半干旱区 | 1.5～2.0 | 150～200 | <140 | 1500～2500 |
| | 天山中温带半干旱区 | 2.0～4.0 | 200～500 | 90～150 | 1600～3000 |
| | 蒙中宁中温带半干旱区 | 2.0～4.0 | 200～350 | 120～170 | 2000～3000 |
| | 蒙东中温带半干旱区 | 1.5～2.0 | 300～500 | 100～170 | 1600～3500 |
| | 准噶尔中温带干旱区 | 74.0 | 150～200 | 140～180 | 2500～4000 |
| | 甘宁蒙中温带干旱区 | 4.0～16.0 | 50～200 | 120～170 | 2500～3000 |
| | 巴丹吉林-腾格里中温带极干旱区 | 716.0 | <50 | 130～170 | 3000～3700 |
| | 南疆暖温带极干旱区 | 716.0 | <50 | 150～210 | 3000～5500 |
| 南方干旱类(H) | 北羌塘高原寒带干旱区 | 5.0～10.0 | 50～100 | 无 | ～ |
| | 南羌塘高原寒带半干旱区 | 2.0～5.0 | 100～300 | <30 | 200～300 |
| | 祁连山高原亚寒带半干旱区 | 2.0～4.0 | 200～400 | <35 | 200～400 |
| | 藏南高原温带半干旱区 | 2.0～3.0 | 300～450 | 45～150 | 500～2500 |
| | 西宁高原温带半干旱区 | 2.0～4.0 | 200～450 | 80～150 | 1000～2500 |
| | 阿里高原温带干旱区 | 5.0～12.0 | 50～100 | 50～100 | 500～1200 |
| | 柴达木盆地温带极干旱区 | >16.0 | 40～100 | 80～130 | 900～2100 |

**北方干旱类(N)气候特征:**

阿尔泰山中温带半干旱气候区:本区位于新疆最北部,年日照时数较长,约为2800～3000小时,冬季寒冷(1月气温－22～－28℃)而漫长,月平均气温在0℃以下长达5个月(11月至次年3月),7月气温为18～20℃,气温年较差达50℃左右,日较差最大在5～6月和9～10月,有霜日数100天以上。

本区年降水量约 300mm 以上，季节分配比较均匀，西北部受北大西洋水汽影响，山地迎风面气候较湿润，为高山草甸带及山地森林带，东南部气候比较干旱。年降水日数约 80 多天，其中降雪日约占一半，积雪较深。夏季多雷暴，相对湿度冬半年比夏半年大。

天山中温带半干旱区：本区虽与前苏联中亚荒漠草原相连，由于地形影响，气候比中亚地区湿润，形成特殊荒漠草原中的绿洲。本区温湿随高度有很大变化，1 月气温比阿尔泰山区高为 −14～20℃，7 月比它低为 14～16℃，气温＞0℃和＞10℃日期比阿尔泰山区长，气温年、日较差略小。

本区年降水量随高度有很大变化，山南与山北同高度地区降水量也不同，冬季少雨，夏半年多雨。高山有冰雪覆盖，每到春末夏初气温上升，如伊犁地区有河水与冰雪水补给，对旱作物有利，气候比较温湿宜人。本区风速较阿尔泰中温带半干旱区大，在山的豁口处大风日数多，如达板城年平均大风日数达 148 天，仅次于阿拉山口。

蒙中宁中温带半干旱区：本区在我国干旱区的东部，成西南—东北长条形。

本区年降水量西南多（300～400mm），阴山以北为 200～300mm，降水变率大，集中在 7～8 月，多雷阵雨。风速是西南小东北大，大风多发生在春季。气温 1 月从东北部的 −22℃到西南为 −8℃，7 月则从 20℃增加到 26℃。年日较差都是东北部大于西南部。

西南部黄河上游源于青藏高原，沿河源可带来大量流水，从兰州流向河套（宁夏中宁和银川）一带，地表水向地下水灌入提供有利条件，因而农业较发达。阴山以北有薄层沙砾覆盖，有流沙出现，自然景观与西南差异较大。

蒙东中温带半干旱区：本区在蒙中宁区以东，亦为东北—西南长条形。冬季风带来极地寒流，1 月气温如海拉尔为 −26.8℃，极端最低达 −48.5℃，比同纬度天山中温带半干旱区气温低，夏季为 20℃亦比较低。

本区年降水量为 350～500mm，集中在热量资源较丰富的 6～8 月，对农林牧生产比较有利。但本区风速较大，4～5 月大风日数多，相对湿度较低，因此作物和牧草产量不易稳定上升。如加强水利措施，对本区农牧业获得稳定生产具有特别重大意义。

准噶尔中温带干旱区：该区在阿尔泰山与天山之间，东西亦有山脉，为中温带半荒漠盆地。日照时数长（2800～3000 小时），冬冷（1 月气温－16～－20℃），夏暖（7 月 22～27℃），年、日气温较差比以上各区为大。

年降水量与降水日数均为西北（200mm 和 80 天以上）比东南（100～200mm，60～80 天）多。西部山地风速较大，如阿拉山口春夏各月大风日数达 20 天左右，年大风日数平均也在 60 天以上，但到本地中部便很快减少。由于风力强，气候很干燥，为我国最大的沙地，盆地边缘为砾质戈壁，植被极为稀疏。

甘宁蒙中温带干旱区：本区在巴丹吉林极干旱区之南，呈一东西向月牙形，包括甘肃北部、宁夏中部及内蒙古西北部。

本区降水由东向西减少，东部降水量在 140～200 mm 之间，南部次之为 100～140mm，西部最少 100mm 以下。平均风速东部大，4～6m/s，西部次之，4～5m/s，南部小，2～4m/s。大风日数亦是东部多，西部次之，南部少，平均各为 70 天、50 天、30 天；而沙暴日数，南部最多，如民勤一年有 37 天。本地区气温变化剧烈，又多风沙，因而剥蚀作用及风力堆积作用均较强烈，呈半荒漠自然景观。

巴丹吉林-腾格里中温带极干旱区：位于我国中温带气候区的中间，北与蒙古人民共和国戈壁沙漠接壤，属荒漠气候。日照时数为干旱区域中最长者之一（3200～3400 小时）。年均气温 8℃，1 月气温－1～－14℃，7 月 24～27℃，气温年、日较差均大。

本区年降水量不到 50mm，雨日 20 天，最长无雨连续日达 200 天以上，年相对湿度＜40％。本区风速 4～5 月最大，平均在 6～

10m/s 间，大风日约 60 天左右，最大风速在 25m/s 以上，春季多沙暴，为我国较大的流沙区，也为我国中温带气候区中最干燥少雨之区。

南疆暖温带极干旱区：从热量来看，南疆是我国干旱区中热量最丰富的地区，从降水看，塔里木盆地及吐鲁番盆地又是全国最少雨的地区。它的南侧是青藏高原寒带气候区，北有天山。

本区是由一系列大小不等的盆地构成，四周都为高达 4000m 以上的高山所包围，形成世界最封闭的内陆盆地。

本区日照时数长(3000～3400 小时)，太阳辐射强，地形使冷空气不易流入，暖空气不易出去。

冬季，1 月平均气温－8～－12℃，春季增温迅速，夏热，7 月平均气温在 24～28℃间，吐鲁番盆地达 32.7℃，平均最高为 40℃，极端最高温度 47.6℃。白天高温，可增加植物光合作用，利于养分累积，夜间低温可减少养分消耗，如水分条件适时，瓜果蔬菜会长得很好。但由于气候干燥，年降水量少(15～50 mm 之间)，由西向东减少，到敦煌、安西略有增加，降水年际变化大，如吐鲁番年雨量不到 20mm。1955～1957 年连续三年少雨(降水负距平为 50%以上)，而 1958～1960 年又连续三年降水较多，1958 年正距平达 135%左右。

本区多内陆河，各河流分别源于天山南坡及昆仑山北坡，四周高山降水较多，有高山冰雪融化及水分补给，是本区重要水资源源地。

**青藏高原干旱类(N)气候特征：**

北羌塘高原寒带干旱气候区：本区在昆仑山以南，包括可可西里山的北羌塘区。

本区平均海拔高度达 4800～5100m，地形起伏较缓，最暖月气温在 4～8℃之间，很少出现日平均气温＞10℃的日子，严寒是本区特色，日平均气温低于 0℃日数达 300 天以上。年降水量约为 50～100mm(高山除外)，有从东向西减少趋势，主要以固态形式下降，如雪、霜或冰雹等,平均风速在 4m/s 以上,冬春多大风,气候十分恶劣。本区植被稀疏,无农作物,也很少有可放牧的地区。

南羌塘高原亚寒带半干旱区:位于羌塘区以南及冈底斯山、念青唐古拉山以北。

本区平均海拔 4400～4800m。本区西北部气温低,东部略高,最暖月气温 5～10℃,气温年较差(33～38℃)和日较差(11～18℃)均较大。年降水量约 300mm 左右,冬春少雨,夏季雨雪较多。西部多大风和风沙,春天严重,给畜牧业生产带来危害;而南部申扎地区,可利用局地环境涵盆地四周低地种植青稞能获得收成。

祁连山亚寒带半干旱区:本区水热条件与南羌塘区相近,温度条件东西差异不十分明显,1 月为－14～－18℃,7 月约 7～10℃。年降水量 100～300 mm,西部较旱,冬少夏多,牧草稀少,只有河谷区有牧草生长;东部降水较多,牧草生长较好。祁连山上的冰雪及夏秋降雨为本区河流的主要补给水源,在海拔 3000 m 以下,可种植青稞。

藏南高原温带半干旱区:位于西念青唐古拉山与中喜马拉雅山之间。

本区海拔 3500～4500m,气温较以上三区均高,日照长,气温随高度有较大差异。1 月平均气温在－8～－9℃,7、8 月在 8～15℃之间,日较差冬季比夏季大。年降水量在 200～500mm 之间,雨日 90～150 天,本区降水的一个特点是多夜雨,如拉萨河谷与年楚河谷地区,夜雨率达 80%以上。藏南区是西藏高原干旱区中最重要的农业区,主要作物有小麦、青稞、豌豆、油菜等。本区冬小麦种植高度可超过 4000m,青稞可达 4500m。本区生长的冬麦与青稞均可获得高产。

西宁高原温带半干旱区:位于青海东部煌水及黄河上游部分地区。

本区高差悬殊,地势东部低,西部高,平均海拔 2700～3300m。东部年平均温 4～6℃,10 月至次年 4 月气温低于 10℃,1 月平均气温低于－8℃，5～9月在12～17℃之间。年降水量为400mm左右，水热气候条件较好，可种植小麦，玉米和高粱等，暖河谷可种油菜与马铃薯等。西部海拔较高，水热条件均较东部差。风速比东部大，春夏突出。本区主要植被为山地草原，低处牧场较好，有灌溉处可种青稞、春小麦与马铃薯等。

阿里高原温带干旱区：位于西藏阿里以西。

本区海拔高度为3800～4500m。冬季严寒积雪少，1月气温为－12～－16℃，最暖月为8～12℃，≥10℃的日数有50～100天。年降水量50～100mm，不够作物生长之用，有灌溉才有收成。

本区南部地势较低(约为3900m)，冬季降水较多而少大风，有灌溉条件的地方可种植青稞、春小麦及豌豆等。北部地区，地势高，气温低，少雨雪，年降水量为50mm左右。这里冬季多大风而干旱，为山地荒漠草原和荒漠。在准噶尔、狮泉河谷有灌溉的地方可种植青裸、春小麦及豌豆等作物。

柴达木盆地温带极干旱区：本区南有昆仑山，西北为阿尔金山，东北有祁连山等，包括柴达木盆地及其四周海拔高度2600～3200m的高原地区。

本区气温变化剧烈，降水稀少(少于50 mm)，是我国著名的干旱盆地之一。1月气温为－15～－18℃，7月为15～18℃，气温年较差及日较差较大(各为30℃和16℃左右)。年降水量北部中部较少(约25～40mm之间)，东南部为50 mm左右。盆地西北有许多流动的沙丘为极干旱的荒漠区，盆地中部有盐湖与沙漠，沙漠边缘有少量青稞与春小麦可生长。

由上所述，我国干旱区太阳能和风能资源丰富，有很大开发潜力，而且热量与降水季节分配较一致，这是有利的方面。但由于降水少，使不能充分利用光热资源，因此开发高山冰雪水资源，是弥补作物生长季节雨水少的缺陷。

此外，注意开展节约用水，让有限的水源发挥最大的经济效益也是很重要的。

## 中国的干旱发展趋势

慈龙骏以国内外科学家们的研究和有关国际组织对全球变化的预测为基础，采用联合国环境规划署的环境监测系统的湿润指标和索思韦持的计算方法，计算和预测了在全球变化的影响下，我国干旱区的变化及趋势。

(1)到2030年时，当$CO_2$倍增，温度上升1.5℃时，我国干旱区的格局将产生变化。这种变化显示了温度与干旱变化并非呈一定的正相关。即温度升高后，降水量在各地区有很大差异。当$CO_2$倍增后，若温度上升1.5℃时我国极端干旱区减少$6.9\times10^4km^2$，湿润区减少$25.7\times10^4km^2$，干旱区总面积(不包括极端干旱区)增加$18.8\times10^4km^2$，干旱区每年递增$220km^2$(按1965～2050年的85年计算)，湿润区每年减少$3023.5km^2$。

(2)当$CO_2$倍增，温度上升4℃时，我国干旱区范围扩大$84.3\times10^4km^2$，平均每年扩展$9917.7km^2$，而湿润地区范围缩小$95.9\times10^4km^2$，每年平均减少面积$11282.4km^2$。可见全球温度升高后亚湿润干旱区扩展最多，湿润区缩小的幅度较大，整个中国北方趋于干旱化。

(3)当大气中$CO_2$和其它温室效应气体增至工业化前的2倍，若温度上升4℃，降水量增加10%的情况下，干旱区总面积增加的幅度比温度上升4℃，降水量不增加的情况要少41%，湿润区缩小的幅度也少46.4%。近40年来，我国干旱、半干旱区和亚湿润干旱区在全球变化的影响下，温度和干湿的变化，根据我国160个气象台站1951～1991年共40年的气象资料进行10年分段滑动平均，分析了我国干旱区的温度和干湿变化。由于1951年以后气象资料记录较全，代表性较好，而1951年以前缺测较多，代表性差一些，所以利用1951年以来的40年记录分析我国干旱区现代气候变化趋势有一定的代表性。

(4)干旱区的温度和干湿变化。年平均温度变化较小，20世纪60～70年代没有变化，70～90年代有少量增加。年平均降水量从1955～1965年明显减少，1965～1990年一直增加稍有起伏。在夏季，自70年代后气温呈降低趋势，而降水量趋势与年平均相同。在冬季，自70年代后气温明显增加，而降水量稍有减少。

(5)半干旱区的温度和干湿变化。年平均气温波状起伏，自1970年后略高于呈升高趋势，尤以冬季最为明显，而降水量呈下降趋势。20世纪50～70年代降水量减少明显，70年代后波状起伏，仍呈减少趋势，冬季没有较明显变化。

(6)亚湿润干旱区温度和干湿变化。自20世纪70年代以来，温度呈增加趋势，尤以冬季明显。而降水量自1955～1979年25年间逐年减少，1979年后直线增加。冬季降水稳定，变化不大。

# 第三章

# 荒漠化的类型与概况

在评定荒漠化程度的标准上，我国大多采用国外通用的轻度、中度、严重和极严重四级制，原来采用的潜在的、正在发展的等不甚确切的命名已经不再采用。在多学科、多专业示量指标的基础上，以荒漠化对作物（植物）影响的产量（生物量）为综合依据，分别对雨养农地、灌溉农地和草场进行评估。由于国内对此问题的概念、指征不一致，故对沙漠化的面积、发展速度等有不同的表述和疑义，目前林业部组织对沙漠化进行全国普查和监测。

## 荒漠化的类型

在不同的地域，荒漠化的发生原因和表现形态各不一样。一般地讲，荒漠化是指比较缓慢的环境和土地的变化过程，出现这种变化的土地就是荒漠化土地。根据《联合国防治荒漠化公约》的定义，“荒漠化是指包括气候异常和人类活动在内的种种因素造成的干旱、半干旱地区和湿润地区的土地退化……这里所指的‘土地退化’是指对土地使用不当或由于一种或数种营力导致的雨浇地、水浇地、草原、牧场、森林和林地的生物或经济生产力和生物多样性下降或丧失，其中包括：风蚀和水蚀使土壤物质流失；土壤的化学、物理和生物特性或经济特性退化；自然植被长期丧失”。这一定义对荒漠化形成的因素、时间和地域范畴作出了限定，同时也说明了荒漠化的主要类型。

荒漠化从其组成的物质上讲包括：

①流沙组成的沙漠(Sandy desert)，如塔克拉玛干沙漠，巴丹吉林沙漠。地理学上常把我国东部以固定沙丘为主组成的沙漠又称沙地，如毛乌素沙地，科尔沁沙地、浑善达克沙地等；

②岩石裸露的岩漠或石漠(Rocky desert)，主要指湿润或半湿润地区流水冲刷去土壤层，岩石裸露的山地，如云南、广西石灰岩组成的石林；

③小石子覆盖的地面-砾漠(Stony desert)；

④泥土组成的“劣地”、“恶地”和“雅丹”；

⑤地面充满盐斑的盐碱地-盐漠。

从成因上讲，荒漠可以归类为：

①风蚀作用形成的沙漠、戈壁、岩漠河雅丹；

②流水侵蚀形成的劣地和石漠；

③土壤盐渍化作用形成的盐漠；

④高原、高山和高纬度亚极地地区，由低温引起的生理干燥而形成的植被贫乏地区称为寒漠(Cold desert)。

另外，露天开矿、矿渣堆放、土壤污染也能形成小面积的荒漠化土地。一般来说，在学术研究中，荒漠化类型的划分已基本成熟。根据中国防治荒漠化协调小组办公室发布的《中国荒漠化报告》，中国的荒漠化类型划分为：先按气候指标划分出干旱、半干旱及亚湿润干旱区，然后依据造成土地退化的成因和表现，划分出风蚀、水蚀、盐渍化和其他因素形成的荒漠化类型。由于中国高寒面积大、冻融退化普遍的现实，增加划分出融冻荒漠化类型。每种类型中又根据退化程度的差异，细化为轻、中、重等等级。

## 风蚀荒漠化土地

根据《中国荒漠化报告》，风蚀荒漠化是指由风蚀和风积形成的荒漠化类型，依据荒漠化程度的差别，进一步划分为轻度、中度和重度三级。其具体指标为：

**轻度**：植被覆盖度＞30%，风沙活动不明显，风蚀程度轻，地表沙丘或沙地稳定或基本稳定。

**中度**：植被覆盖度10%～30%之间，且分布较均匀，风沙流活动受阻，但沙丘或沙地流沙纹理普遍存在；或者每亩地有乔木和灌木50株以上，且分布均匀。风力侵蚀程度及危害中等。

**重度**：地表为戈壁石堆积；植物盖度＜10%，风沙流活动强烈的流动性沙丘及其丘间风蚀地；依靠活动强烈的流动性沙丘及其丘间风蚀地；依靠非生物手段固定或半固定的沙丘(地)；风蚀残丘、劣地；雅丹、土林、白堆等土质残积风蚀地。

## 水蚀荒漠化土地

以流水作用侵蚀为动力形成的荒漠化类型，侵蚀程度的有关指标如表3.1所示。

**表3.1 水蚀荒漠化程度分级指标**

| 程度 | 轻度 | 中度 | 重度 |
|---|---|---|---|
| 侵蚀模数($t \cdot km^{-2} \cdot a^{-1}$) | 1000～2500 | 2500～8000 | ＞8000 |
| 年平均流失厚度(mm) | 2 | 2～6 | ＞6 |

## 冻融荒漠化土地

依据土壤冻融危害的程度指标，按表3.2所示划分。

**表3.2 冻融荒漠化程度分级参考指标**

| 程度 | 侵蚀状况 |
|---|---|
| 轻度 | 极高原、高山、高原缓坡、高寒草甸草原地区，夏季有短时间期内侵蚀 |
| 中度 | 极高原、高寒山地草甸、草原荒漠草原地区，夏季受融蚀时间稍长 |
| 重度 | 极高原，高山，高寒山地荒漠，荒漠草原，草甸，夏季受融蚀时间长，人为干扰较大 |

## 土壤盐渍化土地

土壤盐渍化主要指不合理的灌溉而形成的土壤次生盐渍化，是荒漠化的一种类型。通常按土壤盐渍化的程度分为四级，其标准如表 3.3 所示。

**表 3.3　土壤盐渍化分类与指标**

| 类　型 | 西部干旱区(新疆) | 东部干旱区(内蒙古) | 改良条件 |
|---|---|---|---|
| 轻　度 | 05～1.0 | 0.1～0.3 | 改良条件好，只需要简单改良 |
| 中　度 | 1.0～1.5 | 0.3～0.7 | 需要水利改良措施 |
| 重　度 | 1.5～2.0 | 0.7～1.0 | 改良条件差，需要复杂改良措施 |
| 盐　土 | >2.0 | >1.0 | 改良条件很差，改良困难 |

也有人将荒漠化划分为四类，其评价的标准如表 3.4 所示。

**表 3.4　荒漠化评价的标准**

| 标　准 | | 荒漠化程度 | | | |
|---|---|---|---|---|---|
| | | 轻度荒漠化 | 中度荒漠化 | 重度荒漠化 | 严重荒漠化 |
| 植物退化 | 多年生植物植被盖度减低(%) | <10 | 10～20 | 20～50 | >50 |
| | 有用生物生产量降低(%) | 10～25 | 25～50 | 50～75 | >75 |
| 水蚀 | 蚀沟占面积(%)(t/a) | <10 | 10～30 | 30～50 | >50 |
| | 土壤流失($t \cdot hm^{-2} \cdot a^{-1}$) | 10～25 | 25～50 | 50～200 | >200 |
| | 生物生产量降低(%) | 10～25 | 25～50 | 50～75 | >75 |
| 风蚀 | 自然土壤吹蚀厚度 | <A 层 1/2 | >A 层 1/2 | A 层全部<br>B 层出露 | A,B 层全部 |
| | 耕层土壤吹蚀厚度(%) | <5 | 5～10 | 10～20 | 20 |
| | 吹蚀面积(%)(t/a) | <10 | 10～25 | 25～50 | 50 |
| | 吹蚀土壤($t \cdot hm^{-2} \cdot a^{-1}$) | 10～25 | 25～50 | 50～200 | 200 |
| | 风积沙覆盖厚度(cm) | <10 | 10～50 | 50～100 | 100 |
| | 沙丘占面积(%) | <10 | 10～30 | 30～50 | 50 |
| | 耕层物理性粘粒损失度(%) | 5～10 | 10～25 | 25～50 | 50 |
| | 生物生产量降低(%) | 10～25 | 25～50 | 50～75 | 75 |
| 盐渍化 | 0～30cm 土层含盐量(%) | 0.2～0.4 | 0.4～0.6 | 0.6～1.0 | >1.0 |
| | 0～30cm 土层碱化度(%) | 5～15 | 15～30 | 35～40 | >45 |
| | 生物生产量降低(%) | 10～25 | 25～50 | 50～75 | >75 |

## 中国荒漠化的类型、面积及分布

按照中国防治荒漠化协调小组办公室发布的《中国荒漠化报告》，中国荒漠化类型，首先按气候指标划分出干旱、半干旱及亚湿润干旱区，然后依据造成土地退化的成因和表现，划分出风蚀、水蚀、盐渍化和其他因素形成的荒漠化类型。同时考虑到中国高寒面积大、融冻退化普遍的现实，增加划分出融冻荒漠化类型。在各类型内又根据土地的退化程度差异，进一步划分出轻、中、重三级。

**荒漠化分级指标**：按照《联合国防治荒漠化公约》，干旱、半干旱及亚湿润干旱区是指年降水量与蒸发量之比在0.05～0.65之间的地区。荒漠化分级指标如表3.5和表3.6所示。

**表3.5 荒漠化气候分区指标**

| 气候类型 | 湿润指数（*MI*） |
| --- | --- |
| 极干旱区* | <0.05 |
| 干旱区 | 0.05≤0.20 |
| 半干旱区 | 0.20≤0.50 |
| 亚湿润干旱区 | 0.50≤0.65 |
| 湿润区 | >0.65 |

* 不属于荒漠化的气候类型

**表3.6 我国干旱、半干旱和亚湿润干旱地区面积**

| 类　型 | 干旱区 | 半干旱区 | 亚湿润干旱区 | 合　计 |
| --- | --- | --- | --- | --- |
| 面积（$10^4km^2$） | 142.7 | 113.9 | 75.1 | 331.7 |
| 占全区（%） | 43.1 | 34.4 | 22.5 | 100.0 |
| 占国土（%） | 14.9 | 11.9 | 7.8 | 34.6 |

荒漠化的分布多深居我国内陆。乌鞘岭和贺兰山以西，占沙漠戈壁总面积的90%。除新疆准噶尔盆地的古尔班通古特沙漠外，绝大部分以流动沙丘为主，占该地区沙漠面积的76%左右。该线以东，沙漠戈壁分布较为零散，面积也较小，仅占全国沙漠戈壁面积的10%。

**荒漠化的面积分布**：面积的分布以新疆分布最广，约占全国沙漠戈壁面积的55%左右。其次是内蒙古、青海、甘肃、宁夏、吉林、辽宁，黑龙江。新疆南部塔克拉玛干沙漠是我国面积最大的沙漠，达 $3.376\times10^5 km^2$，约占全国沙质荒漠总面积的1/3，也是我国沙漠中流沙分布最广的一个，其面积为 $2.77\times10^5 km^2$。新疆北部准噶尔盆地的古尔班通古特沙漠是我国最大的固定、半固定沙漠。内蒙古西部的巴丹吉林沙漠是我国沙丘最高大的沙漠。中国荒漠化土地分布情况如表3.7和表3.8所示。

表3.7 中国荒漠化土地分布表

| 省区 | 荒漠化面积($km^2$) | 荒漠化县(个) | 省区 | 荒漠化面积($km^2$) | 荒漠化县(个) |
|---|---|---|---|---|---|
| 北京 | 63.90 | 1 | 海南 | 158.20 | 3 |
| 天津 | 14.46 | 2 | 四川 | 2344.49 | 3 |
| 河北 | 24350.60 | 106 | 云南 | 2147.07 | 10 |
| 山西 | 14928.73 | 30 | 西藏 | 435662.49 | 41 |
| 内蒙古 | 659137.73 | 73 | 陕西 | 30160.06 | 12 |
| 辽宁 | 6898.14 | 6 | 甘肃 | 199629.15 | 32 |
| 吉林 | 2015.78 | 1 | 青海 | 167276.58 | 16 |
| 山东 | 6028.21 | 25 | 宁夏 | 28716.09 | 16 |
| 河南 | 65.05 | 5 | 新疆 | 1043749.05 | 86 |
| 全国合计 | 2 622 335.79 | 470 | | | |

表3.8 我国各个主要沙漠区的面积与所在省区

| 地名 | 面积($10^4km^2$) | 所在省区 |
|---|---|---|
| 塔克拉玛干沙漠 | 33.76 | 新疆维吾尔自治区 |
| 古尔班通古特沙漠 | 4.88 | 新疆维吾尔自治区 |
| 巴丹吉林沙漠 | 4.43 | 青海省 |
| 腾格尔沙漠 | 4.27 | 青海省 |
| 毛乌素沙地 | 3.21 | 内蒙古自治区 |
| 科尔沁沙地 | 4.23 | 内蒙古自治区 |
| 浑善达克沙地 | 2.14 | 内蒙古自治区 |
| 库姆塔格沙地 | 1.95 | 青海省 |
| 乌兰布和沙漠 | 0.99 | 青海省 |
| 柴达木盆地沙漠 | 3.49 | 青海省 |

据《中国沙漠概论》所列资料编制。引自曹艾莉

**沙漠所处的自然条件**：我国各个沙漠所处的自然条件各异。塔克拉玛干沙漠是暖带干旱荒漠，准噶尔盆地中的沙漠为温带干旱荒漠，柴达木盆地中的沙漠是青藏高原上的高寒干旱荒漠，而科尔沁沙地东部和松嫩等地的沙地属于温带半湿润地区的草原地带。因此，各个沙漠的自然景观也就有着显著的差异。

**沙漠的地势分布**：除东北平原西部的科尔沁沙地海拔较低（100～300 m）外，其他沙漠都分布在海拔较高的地带及内陆山间盆地。虽然我国沙漠的地理分布和景观有许多差异，但它们都有如下共同点：

- 气候干旱，雨量稀少。
- 热量资源较为丰富，气温差异大。
- 风沙频繁。
- 植被稀疏低矮。
- 我国沙漠绝大部分都分布在内陆巨大山间盆地中，这些盆地的地面组成物质主要是深厚疏松的沙质沉积物。在干旱而多风的气候条件下，它们是沙漠形成的重要物质来源。
- 沙漠地表为沙丘所覆盖，地面起伏，高大者可达 100～300m，一般在 10～25m，低矮的则在 5m 以下。
- 地表水资源十分短缺，雨量稀少，几乎没有当地地面径流所形成的河流，仅有若干过境河流和由附近高山的冰雪补给为主的河流注入。

**发生在干草原及荒漠地带的沙漠化土地**：这种沙漠化土地由于所处的自然条件，较干旱荒漠及极端干旱荒漠地带稍为优越，所以沙漠化过程也较复杂。

内蒙古东部及中部的沙漠化土地，大部系历史时期由于人为活动，破坏沙质草原地区的天然植被所形成。荒漠化分布不仅限于干旱地区，在半干旱及部分半湿润地区，凡是地表具有疏松砂质沉积物，干旱季节又恰是大风季节的地区，只要人为过度开发土地，都能产生以风蚀活动为显著标志的荒漠化土地。

正是如此，我国荒漠化土地分布面积辽阔，面积达 $3.3\times10^5km^2$。东起黑龙江、西至新疆，断续分布延伸长达 5500km，涉及到辽宁、吉林，黑龙江、河北、山西、内蒙古、陕西、宁夏、甘肃、青海和新疆等 12 个省区共 212 个县旗。

沙漠化土地空间分布范围是随着人们继续强度土地利用，并在持续干旱与风力作用下面逐渐扩大的。

我国荒漠化的地理分布，由于所处自然地带的不同，呈现出区域差异，我国北方地区的荒漠化土地由此可分为三种类型：

半湿润地区的荒漠化土地：主要分布在嫩江下游，第二松花江下游及吉林白城地区东部，东辽河中游以北及科尔沁沙地东南，约占沙漠化土地面积的 3.9%，其组成物质以粉沙、细沙及亚砂土为主，所以在人为活动破坏植被以后，在风力吹蚀作用下便形成风沙地貌形态。

这种荒漠化土地一方面由于其分布面积不大，另一方面其所处的自然条件也较半干旱区优越，年雨量可在 500～600mm 左右，在不继续破坏其生态平衡的情况下，有自我逆转的可能。

半干旱地区的荒漠化土地：主要分布在内蒙古东部与中部、河北北部、晋西北、陕北及宁夏的东南部，约占沙漠化土地总面积的 66.4%。

荒漠化的发生是强度土地利用和干旱多风相互作用的结果。特别是在农牧交错地区，由于长期的过度农垦，过度放牧及过度樵柴，易使脆弱的生态系统失去平衡。

在沙质草原地区，特别是在旱农地区一般是以土壤风蚀、粗化发展到灌丛沙堆，片状流沙及密集活动沙丘。

在固定沙地地区，一般是以沙丘迎风坡风蚀窝的形成发展开始，逐渐导致流沙面积扩大，形成流动沙丘与固定、半固定沙丘相互交错分布的景观特点。而且都邻近农田、牧场、居民点或井泉、湖泊附近。原生的自然景观除了个别地区还保存有昔日的疏林（以榆为主）草原外，其余均已形成为流沙及半固定、固定沙丘。例如科尔沁及毛乌索两沙地的大部分地区。半干旱地区荒漠化的发生，人类活动起着重要作用。如果本地区水分、植被条件较干旱荒漠地区稍好，尚可适度利用。

目前这一地区有0.67亿亩农田，1亿亩的草场，1175万人口。但脆弱的生态系统只要继续过度干扰，荒漠化就很容易发展。因此对这一地带荒漠化土地的整治应给予优先考虑。如果由于年降水量大都在250～500mm，在消除人为的干扰以后，有自我逆转的可能，如能合理地进行土地利用，因地制宜地采取防治措施，荒漠化过程是可以逆转的。

干旱荒漠地区的荒漠化土地：主要分布在狼山—贺兰山—乌鞘岭以西的广大干旱荒漠地区，特别是一些大沙漠区的边缘，占北方地区沙漠化土地面积的30.7%。它的发生主要与内陆河流的变迁、水资源过度利用等有关，同时也和绿洲边缘由于过度樵柴等有关。

**荒漠化类型**：根据《联合国防治荒漠化公约》规定的指标，中国可能发生荒漠化的区域总面积为$3.317\times10^6km^2$，在此范围内实际发生荒漠化面积（即中国荒漠化土地总面积）为$2.622\times10^6km^2$，占该区域面积的79%，占国土面积的27.3%。按照主导成因，其中风蚀荒漠化土地面积$1.607\times10^6km^2$，水蚀荒漠化面积$2.05\times10^5km^2$，冻融荒漠化面积$3.63\times10^5km^2$，土壤盐渍化面积$2.33\times10^5km^2$，其他原因引起的荒漠化面积$2.14\times10^5km^2$。表3.9所示为我国荒漠化类型。

从荒漠化土地的气候范围归属来看，约有$1.148\times10^6km^2$荒漠化分布在干旱区，$9.19\times10^5km^2$分布在半干旱区，$5.55\times10^5km^2$分布在亚湿润干旱区，分别占各荒漠化气候类型区的80.4%、80.7%、74.0%。

从荒漠化程度来看，轻度为$9.51\times10^5km^2$，中度为$6.41\times10^5km^2$，重度为$1.030\times10^6km^2$，分别占荒漠化总面积的36.3%，24.4%，39.3%。

表 3.9 我国荒漠化类型

| 类　型 | 作用营力 | 亚　类　型 |
|---|---|---|
| 风蚀荒漠化 | 空气动力 | 悬浮性风蚀<br>流沙近地面移动性风蚀 |
| 水蚀荒漠化 | 降水、重力作用 | 水土流失<br>冻融滑坡(冻融侵蚀)<br>重力侵蚀 |
| 土壤理化性退化 | 化学作用 | 盐渍化和次生盐渍化<br>碱化<br>土壤酸化 |
| | 物理作用 | 土壤板结<br>土壤龟裂 |
| | 土壤污染 | 土壤潜育化<br>有机物和无机物污染<br>农药和化肥污染<br>放射性物质、工矿废弃物的污染 |
| 植物的长期退化 | 自然＋人为 | 草地退化<br>林地退化<br>生物多样性减少 |
| 耕地的非农业利用 | 人为 | 工矿、交通道路、灌渠 |

**风蚀荒漠化**：风蚀荒漠化土地面积 $1.607\times10^6km^2$，是荒漠化土地中面积最大，分布范围最广的一种荒漠化类型。其中分布在干旱区的有 $8.76\times10^5km^2$，占风蚀荒漠化总面积的 54.5%，在亚湿润干旱地区也有零散分布，面积仅为 $2.39\times10^5km^2$，占风蚀荒漠化总面积的 14.9%。

风蚀荒漠化土地大体分布在内蒙古狼牙山以西，沿贺兰山至乌鞘岭经柴达木盆地至西藏西北部广大区域，包括腾格里沙漠、巴丹吉林沙漠、库姆塔格沙漠、柴达木盆地、准噶尔盆地、塔里木盆地等广大干旱地区。

在半干旱地区，主要分布在狼牙山以东向南，穿杭锦后旗、盐池东部至兰州以西地区，此外，在藏北高原为板块状分布。

在亚湿润干旱区，大致从内蒙古东部(东北西部)经燕山、秦岭以北，大体呈东北西南向带状分布，其带宽约为 50～125 km，风蚀的结果常常以沙地景观出现。

*风蚀沙漠化程度及分布*：在风蚀荒漠化土地中，轻度为 $44\times10^4km^2$，占 27.4%；中度为 $25\times10^4km^2$，占 15.6%，重度为 $91.7\times10^4km^2$，占 57.0%。

风蚀荒漠化是以空气动力为主的自然营力叠加在人类活动的条件下所造成的土地退化过程。干旱、多风和沙源丰富的疏松的沙质地表是产生风蚀荒漠化的条件和物质基础。

风蚀荒漠化土地包括湿润指数在 0.05～0.65 之间的沙地和沙物质覆盖地表的各种类型可利用土地，以及地质时期形成的具有潜在生物生产力的沙漠、戈壁。

我国西北、华北和东北西部广泛分布的沙漠、戈壁和沙地，是风蚀荒漠化土地的重要组成部分。它们的形成、发展与其它土地一样，经历了漫长的复杂过程。

从历史的观点分析，第四纪是我国沙漠形成演化进程中的一个全新时期，历史时期形成的沙漠也经历了退化和恢复的过程，同时受控于自然与人为因素的双重作用。

据研究，第四纪时期中国的沙漠分布范围有大幅度的空间变化，而在末次盛冰期时，沙漠出现的最南端达到了 35°N 附近，而最东可达 125°E 左右；全新世适宜期时，大多数沙漠已被草原和荒漠草原环境取代。

沙漠与人类生活息息相关，从发展经济的观点分析，它们不是“死亡之海”，而是富含矿藏，具有生产潜力。我国沙漠、盆地与高大山系相间，这种独特的地形提供了世界其它沙漠所不具备的水分条件，高山融雪水和降水形成的间歇性河流，滋润荒漠植被，维持绿洲的繁荣。

如北疆古尔班通古特沙漠，虽然发现有第四纪黄土和后期风成沙，但它历来是北疆的主要荒漠牧场。沙漠内部 90%以上为固定和半固定沙丘；毛乌素沙地、科尔沁沙地，甚至塔克拉玛干沙漠的周边地区，千百年来一直是人们生活和生产的园地。

**水蚀荒漠化**：水蚀荒漠化是以降水和重力作用为自然营力叠加在人类不合理活动条件下的土地退化过程，是我国干旱、半干旱和亚湿润干旱地区重要的荒漠化类型之一。

水蚀荒漠化主要分布在黄土高原北部一些河流的中、上游和一些山麓地带。这些地段一般坡度较大，降水集中，地表物质结构较疏松。

我国水蚀荒漠化土地总面积为 $20.5\times10^4km^2$，占荒漠化土地总面积的 7.8%，其中 63.9%分布在亚湿润干旱区，27.4%分布在半干旱区，分布在干旱区的占 8.7%。

位于黄土高原与鄂尔多斯高原过渡地带的晋陕蒙三角地带，除了具有水蚀的地形和物质条件之外，当地人口密集，垦殖指数较高，是我国水蚀荒漠化较为严重的地区，土壤侵蚀模数每年高达 $2\times10^4\sim3\times10^4t/km^2$，是黄河泥沙的主要源地之一。

**冻融荒漠化**：冻融荒漠化发生在高海拔地区，由于季节和昼夜温差较大，岩体或土壤因剧烈的热胀冷缩而形成滑坡。该类型的土地虽然生物生产力很低，但却作为当地的夏季牧场。在我国分布的总面积为 $36.3\times10^4km^2$，占荒漠化土地总面积的 13.8%。

**土壤盐渍化**：土壤盐渍化是在干旱条件下，由于人类不合理灌溉和管理措施不当产生的土地退化过程。

这种类型的荒漠化土地，集中连片分布于塔里木盆地周边绿洲以及天山北麓山前冲积平原、河西走廊、河套平原、银川平原、华北平原及黄河三角洲等地，其总面积为 $23.3\times10^4km^2$，占荒漠化土地总面积的 8.9%。

**植被的长期退化**：植被的长期退化主要表现为草原群落盖度明显降低，单位面积产草鱼下降，群落组成改变，可食性草类减少，有毒草类增加。草场退化比例在干旱区高达 62%，在半干旱区为 58%，亚湿润干旱区为 47.5%，在人口密集的省区，退化比例高达 80%～90%。

## 荒漠化的分布特征与成因

从沙质荒漠化土地的分布来说，主要分布在中国北方的新疆、甘肃、青海、宁夏、内蒙古、陕西、山西、河北、辽宁、吉林、黑龙江等11个省区，面积为$3.71\times10^5km^2$，占国土总面积的3.8%。

根据荒漠化的分布的特点，可分为三大类型：

**干旱地带** 干旱地带的沙质荒漠化土地主要分布在一些沙漠边缘的绿洲附近及内陆河中、下游沿岸。前者与绿洲地区人为樵采活动破坏沙漠边缘半固定、固定沙丘上的植被有关，后者与河流中、上游过度利用水资源有关。

荒漠化在干旱地带的分布形式为各不相连的小片状，在分布图上呈现不连续的斑点状形式。塔克拉玛干沙漠西南边缘上的诸绿洲，河西走廊诸绿洲附近便是一个明显的例子。沙漠中的古城废墟都位于内陆河下游的三角洲上，如塔里木盆地克里雅河下游的喀抗屯，尼雅河下游的精绝，孔雀河下游的楼兰，额济纳河下游的居延海黑城等。

**半干旱地带** 包括内蒙古中部与东部，河北、山西和陕西的北部，是中国沙质荒漠化扩大最显著的地区，在气候干旱和人为过度活动下，一般经15～20年左右时间就使原来的草原环境退化成类似沙漠的环境。

按沙质荒漠化特点，主要的分布地区有三个：

一是沙质草原。由于过度农垦，伴随着过度樵采、放牧所造成以土壤风蚀、地表粗化、流沙形成及固定沙丘活化为代表的退化土地，如河北坝上、内蒙古的后山、锡盟的南五旗及科尔沁草原等；

二是固定沙地及沙丘草场。以过度放牧为主因，伴随樵采等活动所造成沙丘活化而形成的流沙蔓延，如科尔沁沙地、浑善达克沙地、毛乌素沙地及呼伦贝尔沙地等；

三是草原牧区。由于过度放牧所造成的沙质荒漠化，往往以井泉放牧点为中心，呈斑点状分布于锡林郭勒草原及乌兰察布草原的北部。

**半湿润地带** 半湿润地带的沙质荒漠化主要呈斑点状分布在嫩江下游、松花江中游平原上，在黄淮海平原及滦河下游平原也有分布，都系沙质古河床，泛淤扇，沙质阶地因过度樵采，破坏植被，造成流沙的发展。

# 荒漠化与气候变化

如果仅考虑全球气候的自然变化趋势，国内外的多数学者认为，现代时期的气候处于干冷阶段。

例如，许多科学家根据深海沉积的氧同位素测定资料，分析了全新世和近百年来世界气候变化过程以及冰期基本特征后，比较一致地认为，新的冰期已悄悄开始或迫在眉睫。

董光荣等根据东部沙区覆盖于黑色古土壤上的固定沙丘现在不同程度地遭到风蚀和流沙覆盖等现象认为，目前沙区处于一个较干冷的气候期。因此，根据全球气候变化的趋势以及我国东西部地区土地荒漠化和气候波动的对应关系，可以推测，我国东部地区的土地荒漠化将有所发展；西部地区的土地荒漠化将受到遏制。但同时我们也应注意到人类活动对全球气候变化产生的影响。尤其是工业化以来大量燃烧的煤炭和石油，使大气中二氧化碳等温室气体的浓度增加，造成全球地面气温有所增高。

慈龙骏对我国 40 年来干旱、半干旱区和亚湿润干旱区在全球气候变化影响下温度和干湿变化情况的研究表明，我国干旱和半干旱区气温明显升高，降水量明显下降，亚湿润干旱区则表现为气温升高，降水量先是逐年减产(1955～1979 年)，随后又直线增加(1979～1991 年)。根据上述趋势推测，我国西部地区干旱加强，土地荒漠化加剧；东部地区土地荒漠化减缓甚至逆转。

值得指出的是，现代和未来人类面临的气候，是自然气候与人为气候叠加的结果。其中，自然气候将构成人类气候环境的主要部分。

因此，从总的趋势来看，我国东部地区的土地荒漠化将继续发展，但并不排除某些时期短暂的土地荒漠化逆转。西部地区的土地荒漠化将有所减缓，但受到本身自然条件的限制，土地荒漠化的完全逆转基本上是不可能的。

沙尘暴是产生于荒漠化地区、具有强大破坏性的灾害性天气过程。有人也从探讨了荒漠化过程中沙尘暴发生的原因，认为其产生的主要自然因素为：沙尘暴经常发生的地方，一般都处在当地地表荒漠、戈壁广布，地面几乎无植被覆盖，地表对日光的反射强，在强烈的日光辐照下，易形成以当地为中心的高温低压区，如果与来自西伯利亚的冷气团（低温高压区）骤然接触，由于两个气团间存在着明显的气压梯度（气压差），就会造成剧烈的空气扰动，出现大风天气，气压差越大则风力越大，由于气流的下垫面为裸露的荒漠或戈壁滩，其表层沙、尘易被上升气流卷入空中，在西风气流推动下形成南侵的沙尘暴。

沙尘暴天气多在春季发生，这不仅因为大片荒漠、戈壁土壤呈干燥裸露状态，春季气温回升快，而且这时常有西伯利亚冷气团南侵。位于甘肃河西走廊中部的黑河试验区是亚洲大气沙尘由我国西部向东远程输送的必经之地，也是其重要的源地之一。

沈志宝等研究认为，产生及输送大气沙尘的天气，主要集中在3～5月，试验区内1991年张掖、临泽、高台3站3～5月的月平均沙尘暴日数分别为3.2天、2.2天和2.9天，局地的扬沙和浮尘天气就更多了，而其它季节未出现沙尘暴天气。地貌条件对强沙尘暴的形成发展也有着重要作用，尤其是西北地区的地貌结构，对强沙尘暴的物质分布，强沙尘暴的运行路径和强风气流的摩擦、阻挡、分支、绕流、狭窄效应，以及局部势力条件等，均有显著作用。

西北地区大的地貌格局为山地夹盆地，或高平原与洼地相间，或高原高耸、断盆环套、山地围绕的地貌结构。例如，新疆的三山夹两盆地，甘肃河西走廊南北两山夹狭长走廊平原，走廊平原又被山地分割为三个小盆地等。

地形条件对大风的风力和风向均有明显的影响，据观测，在沟谷地区，当风向与沟谷一致时，气流由开阔地进入沟谷，由于两侧山地绕流，在进口处风速可增加17%。

慈龙俊等研究了荒漠化和气候之间的关系后认为，气候对荒漠化的影响是一个缓慢而渐进的过程，主要是通过其对旱地土壤、植被、水文循环、加之人类对土地的不合理利用而改变了全世界40%的旱地景观。有别于湿润地区富含有机质的良田沃土，旱地土壤多数贫瘠且盐碱化，这便决定了旱地易受风、水侵蚀的自然特征。随着GIS和卫星图像的广泛应用，为准确评估旱地植被对降水变异和生物量燃烧的季节性变化提供了有力的技术手段。在考虑气候对旱地植被类型、生物量和多样性有强烈影响的同时，也不得不修正当地或区域性地势、地貌、岩性、坡向、土壤类型等因素的反馈效应。从长远来看，环境干扰对维护热带和旱地生态系统的生物多样性和适应性具有重要作用，并对生态系统的功能发挥和恢复具有负效应，但需要对干扰的强度和频度、时间与空间尺度有准确的把握。以往有关对旱地生态系统处理气候变异、周期性干旱和洪水等自然灾害能力的质疑和困惑，大多是由于对生态系统的时间尺度和空间尺度界定不清造成的。

旱地生态系统对付恶劣环境的策略多种多样，特别是对周期性洪水和干旱有高度的恢复力，植物和动物更是如此。生物量间的年际差异可看作是对降雨变异的一种反应，而不应该同人为的荒漠化过程混为一谈。野外观测和遥感数据业已确认，旱地植物的密度相，生物量除了随季节和年际雨量变化而存在着时间波动以外，还存在着同等重要的空间变异，旱地植被的这种时间和空间变异，早已为人们所熟知，并把这看成是旱地植被对限制性环境因子(水分、土壤营养)的保护性反应。

Dregne和Tucker利用NOAA的AVHRR卫星图像监测到沿撒哈拉半干旱边缘的植被变化与年降雨变率有关。Tucker等后来的研究佐证了早期的发现并证实：植被对生长季节降水的反应及荒漠边缘植被的扩张相收缩，与年复一年的降雨变率高度一致。

进人20世纪以后，随着科学技术的不断进步，人类征服自然的能力不断加强，对荒漠化过程的影响也达到了空前的程度，主要表现为两点：

①随着半干旱和半湿润地区的人口迅速增加，为了满足衣、食、住、行等生活物质急剧增长的需要，对土地生物资源采取滥垦、滥牧、滥樵等不合理利用，地表植被和土壤遭到极大破坏，导致荒漠化正过程强烈发展。如1949～1989年的40年内内蒙古和宁夏人口增长了2.4倍，大小牲畜分别增加了2和4倍，耕地增加了30%。其中仅20世纪50～70年代，我国北方地区就曾出现过3次大规模开荒，开垦草地达1亿亩以上，造成研究区内东起呼伦贝尔、科尔沁，向西至浑善达克、毛乌素，直至青海共和盆地等地大量草场沙化。人类不合理的滥垦、滥牧、滥樵等造成地表植被和土壤的破坏，在干旱多风的气候作用下，可以使地表土壤风蚀急剧增强，造成土地荒漠化以比自然状态下高出数倍、数十倍甚至百余倍的速度扩展，平均估计由人为因素影响而增加的风蚀量大致占整个风蚀量的78.6%；

②人类通过植树造林、封育等措施延缓或阻止荒漠化正过程发生、发展，甚至形成荒漠化逆过程。我国政府从20世纪50年代至90年代初，以防沙治沙为目的的造林面积$10^7hm^2$，10%沙质荒漠化土地得到初步治理，新辟农田$1.3\times10^6hm^2$；$1.1\times10^7hm^2$风沙危害严重的农田得到有效保护，粮食增产10%～13%；保护和治理了$9\times10^6hm^2$退化草场，产草量提高20%以上，营造了$73\times10^4hm^2$薪炭林，解决了500多万户农牧民的生活燃料问题。其中防沙治沙最为成功的例子是毛乌素沙地南缘的榆林地区，由于近年来积极治沙，荒漠化扩展势头基本被遏制，并出现局部地方人进沙退现象。但是由于以往“防沙”主要限于少数“点”上封沙育林育草，营造防护林等，而不是在防止广大地区“三滥”人为破坏上狠下功夫，因此，造成“点”上得到治理、“面”上却在破坏，“治理跟不上破坏”、“绿化跟不上沙化”，局部有所逆转、整体仍在沙化的严重局面。

据统计，全国20世纪50年代至今共治理荒漠化土地$26\times10^4km^2$，但同期因“三滥”等产生的荒漠化土地达$34.46\times10^4km^2$，累计新增荒漠化土地 $8.46\times10^4km^2$。

又如青海共和盆地 50～80 年代，累计造林保存面积 $1700hm^2$，但同期被破坏的森林面积是它的 5 倍，而荒漠化土地扩展面积是它的 32 倍。

因此，现代时期人类不合理的经济活动所造成的人为荒漠化正过程要比前述气候条件下自然荒漠化正过程和人为荒漠化逆过程之和还要强烈得多，这是我国荒漠化不断加速扩展的主要原因。

还应看到，只要存在人类活动，荒漠化的自然因素和人为因素就不可能彼此分离而是紧密结合在一起，因而具有相互作用、相互影响的反馈的非线性关系。由此产生的荒漠化自然过程和人为加速过程，既不是毫不相干地单独进行，也不是简单地叠加在一起的和，而是通过一系列相互激发、相互促进的反馈作用，导致整个土地荒漠化正逆过程出现自行加速、扩大的趋势。大致出现两种反馈关系：

①在气候干旱时期，由于水土生物资源相对贫乏，人们为了维持正常生计便要在更大范围和更强烈地进行“三滥”活动，对环境的破坏程度相应增大；相反，为防治荒漠化所采取的生物措施多难以奏效或收效甚微，其结果导致荒漠化正过程急剧发展；而随着土地荒漠化面积扩大和发展程度增强，由于地表植被和土壤层的损失，又通过对辐射平衡、凝结核、水分和对流等的影响，促使地区气候进一步变干；

②在气候湿润时期，由于水土生物资源相对丰富，人们为了生存发展进行的“三滥”活动无论范围、强度和负效应都明显减小，为了防治荒漠化所采取的生物措施效果也较显著，其结果有利于荒漠化逆过程发生、发展；而随着土地荒漠化逆转面积和强度增大，地表植被增加和土壤发育，又通过对辐射平衡、凝结核、水分和对流等影响，促使地区气候进一步变湿。

现在我国的半干旱和半湿润地区，从气候仍在干旱化、人为不合理的经济活动强度过大和荒漠化土地还在不断扩展等情况判断，至少总体上处于前一种反馈关系中，对此必须予以高度重视。

由此可见，现代时期我国半干旱和半湿润地区的荒漠化正逆过程，是脆弱不稳定的生态系统在气候干湿波动、人类经济活动以及气候变化、人类活动与荒漠化土地之间复杂的相互反馈作用下形成的。

## 荒漠化与地表状况

我们赖以生存和立足的土地，在近代地学中被定义为“地表上的一个立体垂直剖面，从空中环境到地下的物质层，并包括动植物遗体，以及过去和现在与土地相联系的人类活动”。这一定义被世界粮农组织所采用。

土地是人类赖以生存的基本环境，又是人类劳动必需的生产资料。土地之上的植被和森林覆盖的程度往往与荒漠化有着紧密相关。

### 中国的森林植被状况

中国位于欧亚大陆东南部，东面濒临太平洋，西北深处亚洲腹地，西南与南亚次大陆接壤，国土面积约为 $960\times10^4km^2$，从北到南分布的气候带有温带、亚热带和热带，因而东半部植被分布明显地反映着纬向地带性。

由于受海陆分布地理位置的影响，来自太平洋的东南季风和来自印度洋的西南季风，成为中国降水的主要来源，故东部和南部湿润，西北干旱，两者之间是过渡的半干旱地带。所以，从东南到西北植被分布的经向地带性也十分明显。

我国地域辽阔，各地的地势变化显著，除了平原、盆地以外，尚有山峦起伏，高山与深谷相间，西南部又有青藏高原的隆起；分布在不同的经向和纬向水平地带的山地，又反映着植被垂直分布的特点。

此外,各地地质构造各异,地表物质组成和地形变化所引起的局部气候、水文状况、土壤性质等自然条件非常复杂而多样化。

这些原因决定了在中国境内几乎可以见到北半球所有的自然植被类型。

由于上述各地水热条件的差异,地貌类型的变化,加之各类自然条件的综合作用,中国基本上可以分成东部季风区、西部内陆区和青藏高寒区三个大的自然区域。

在东部季风区主要分布着森林植被,从北向南依次分布着寒温带针叶林、温带针阔叶混交林、暖温带落叶阔叶林、亚热带常绿阔叶林、热带季雨林及雨林。

西部内陆区主要分布着草原和荒漠的植被类型,从东南到西北依次分布着森林、草甸草原、荒漠草原及荒漠。

青藏高原则分布着各类高寒植被类型。与世界其它地区相比,中国植被有许多特点。

季风、寒潮和青藏高原是决定中国植被特点的三个主导因素。其中青藏高原的形成,对中国植被地理分布的格局有着尤为重要的作用。

矗立在北纬 30°附近、高度达到对流层一半以上的青藏高原,迫使高空西风环流向高原南北侧分流,使中国西北部夏季高温少雨,冬季严寒,形成了广阔的温带荒漠,这是世界上最偏北的一片荒漠。

同时,在蒙古-西伯利亚高压的强大影响下,耐寒旱的草原植被向东南方向扩展,达到欧亚草原区的最南界(35°N 左右)。

这一高压还迫使中国华北暖温带的落叶阔叶林带在大陆上向西迅速消失,森林北限被迫向东南方向退缩;其树种组成的性质也偏于干性,而不像西欧落叶林那样深入大陆很远,且其组成偏湿性。

又由于青藏高原的隆起,使西伯利亚和蒙古来的冬季寒潮受阻于北侧,印度洋来的夏季湿润气流受阻于南侧,冬季寒潮不易到达喜马拉雅山以南，从而在那里形成了冬干暖、夏潮热的气候。所以，在 29°N 附近出现了热带季雨林和雨林，这是世界上热带森林分布的最北界。同时，中国东南部热带森林的分布则限于 23°30′N 以南。

冬季从蒙古-西伯利亚南下的冷空气，即所谓寒潮，影响中国东南部的植被。由于东部地区缺乏高大山系的阻隔，寒潮得以向南流泄，侵入低纬度地区。

中国东部地区热带的北界偏南，退到北回归线以南，在亚热带常绿阔叶林和热带季雨林中则出现一定的落叶树成分。东南季风是中国东部地区降水的主要来源。

中国有辽阔的亚热带地区，在强大的夏季东南季风的影响下，发育了广阔的亚热带常绿阔叶林。

我国森林植被就其本身的类型、结构及种类组成而言，应是类型多样及种类组成复杂，但就森林资源来说，有如下特点：

**森林资源数量少**：1977～1981 年森林资源清查的资料表明，中国现有森林面积约为 $1.15\times10^8hm^2$，森林覆盖率为 12%（注：林业部 1989 年公布中国森林覆盖率已达到 12.98%），活立木总蓄积量为 $102.6\times10^8m^3$。

中国人口达 11 亿多，约占世界总人口数的 1/5，但森林面积只占世界森林总积的 4%左右，林木蓄积量还不足世界林木总蓄积量的 3%。如按人口平均计算，中国人均占有森林面积为 0.12 $hm^2$，林木蓄积量只有 $9.1m^3$，分别相当于世界人均水平的 18%和 13%。

**森林资源质量差**：中国的森林从总体上来说，生长率低，林地平均净生长率仅 2.66%；生长量小，每公顷森林平均年生长量仅 $2.4m^3$（中国科学院国情分析研究课题小组，生存与发展，中国科学报，1989）。

在现有的森林面积中，成片的原始林较少，次生林面积较大，真正的原始森林只剩下东北和西南两大块，且又不易采伐。

竹林在中国森林中也占有一定的比例。另外一些人工栽培的经济林，如油茶、油桐、山植、枣树、核桃、漆树、椰子、油棕等占森林面积的10%左右。

另外，从森林植被为主体的用材林的林龄结构来分析，中国用材林面积为$8062.94\times10^4hm^2$，占森林面积的73.2%，蓄积量约$68.82\times10^8m^3$，占森林蓄积量的86.2%。其中幼龄林面积$2840.92\times10^4hm^2$，占森林面积的35.2%，蓄积量约$6.24\times10^8m^3$，占森林积蓄量的9.1%；中龄林面积$3016.79\times10^4hm^2$，占森林面积的37.4%，蓄积量约$23.30\times10^8m^3$，占森林积蓄量的33.8%；成过熟林面积$2205.23\times10^4hm^2$，占森林面积的27.40%，蓄积量约$39.28\times10^8m^3$，占森林积蓄量的51.1%(辛业江，1987)。

由此可知，中国大面积分布的森林是属于中、幼龄林，但蓄积量的50%以上却集中于成过熟林。这些林分又多集中在东北、内蒙古及西南和西北等地的山地和丘陵地带，约占成过熟林蓄积的99.2%。

**森林资源分布不均匀**：中国南部分布有热带季雨林，森林面积达$2245\times10^4hm^2$，占全国的19.5%，林木蓄积量为$35.8\times10^8m^3$，占全国的39.7%；东南、华南丘陵山地主要分布着马尾松林、杉木林及由多种阔叶树种组成的常绿和落叶阔叶林，还有多种经济林和竹林，森林面积达$3316\times10^4hm^2$，占全国的28.8%，林木蓄积量为$12.5\times10^8m^3$，占全国的13.8%。

西北干旱、半干旱地区面积占全国总面积的近一半，而有林地面积只有$722\times10^4hm^2$，占全国的6.2%，林木蓄积量约$4\times10^8m^3$，只占全国的4.5%。

## 中国的草地植被状况

中国草原资源主要有以下两大特点：

**草原面积广阔，类型多样，但生产力不高，优质草原甚少**：中国现有各类草原$3.5333\times10^8hm^2$，约占国土总面积的34.7%。

北方的温带草原是中国草原的主体，共 $2.8667\times10^8 hm^2$，其中包括草甸草原 $0.4\times10^8 hm^2$，典型草原 $1.04\times10^8 hm^2$，荒漠草原 $0.76\times10^8 hm^2$，以及高寒草原、灌丛草原和山地草原共 $0.67\times10^8 hm^2$。

此外，南方还分布有 $0.67\times10^8 hm^2$ 的草山草坡（申元村等，2001）。

质量较好、产量较高的草原主要分布在东北西部，内蒙古中、东部的呼伦贝尔、科尔沁以及锡林郭勒草原。在这些地区分布的草原以优质的禾本科、豆科植物为主，生长旺盛，覆盖率高，产草量也较高。

西部的荒漠草原虽然面积很大，但生产力不高，优质牧草在草群中的比重明显下降。

从宁夏、甘肃到新疆的广大荒漠区，植被更为稀疏，大片土地裸露，只是在绿洲或高山上才有一些草原分布。青藏高原所分布的草原，牧草种类虽然稀少，但覆盖度较高。

**草原退化、沙化严重**：中国草原地带皆位于边疆地区，交通不便，经济较落后。广大草原地区长期以来基本处于靠天长草、靠天养畜的状态，畜牧业的“夏壮、秋肥、冬瘦、春死”的恶性循环周而复始。

随着人口增加，人们不断追求增加畜产品，往往不顾草原本身的承载能力，尽可能地增加牲畜头数，过度放牧，致使草原超载，造成草原大面积退化，其后果是优良牧草比例日渐减少，适应性差的、营养价值低的一些杂草取代了原有的优质牧草，使牧草的种类组成发生了根本的变化，甚至使一些草场完全丧失了利用价值。

还有一些草场由于盲目樵采，乱挖药材，以及捕杀草原动物等等人为性的破坏活动，致使流沙再起，沙漠面积不断扩大，造成大面积的草原退化和沙化。

目前，中国草原沙化、碱化、退化严重的总面积约达 9 亿多亩；鼠害危害的面积约达 7 亿多亩；盲目开荒垦殖破坏草原 1 亿多亩。

中国的草原产草量普遍比20世纪50年代下降了30%～50%，所以草场的载畜量很低，平均每百亩草场才能承载5只羊或1头牛。

## 中国的土地资源及其时空变化特征

中国地域辽阔，土地总面积为$960\times10^4 km^2$，占世界陆地面积的6.5%，仅次于原苏联、加拿大，居世界第三位。

从地理位置看，中国位于4°15′～53°30′N之间，地跨寒温带、温带、暖温带、亚热带、热带和赤道带。由于地处欧亚大陆东岸，东临太平洋，受东南季风影响，使得中国东部地区与同纬度国家相比，具有气候湿润、水热条件丰富的特点，为农业生产提供了优越条件。

此外，中国又是一个多山地的国家，山地、丘陵和高原约占中国土地总面积的66.1%，其中山地约占43.5%，丘陵约占11.7%，高原约占10.9%。

在全国2000多个县中，约有56%位于山地丘陵地区；全国约有三分之一的人口，40%的耕地，以及绝大部分的森林分布都在山区。

表3.10所示为我国土壤资源类型状况，表3.11所示为我国土地资源构成的状况。从表中可以看出，中国目前已利用的土地约占全国土地总面积的四分之三，按所占总土地面积的比重顺序是：

草地约占33.3%；

森林和林地约占13.4%；

耕地约占10%；

非农业用地约占7%；

水域约占3%；

各类园地约占0.5%。

显然，农林牧用地仅占60%左右，低于原苏联(68.1%)、美国(76.1%)和日本(81.8%)，也低于世界平均水平(64.7%)。

**表 3.10　中国土壤资源类型状况**

| 土壤类型 | 面积($10^4km^2$) | 占全国土地总面积(%) |
|---|---|---|
| 铁铝土 | 147.68 | 15.39 |
| 淋溶土 | 119.69 | 12.47 |
| 半淋溶土 | 43.29 | 4.51 |
| 钙层土 | 110.24 | 11.49 |
| 石膏盐层土 | 75.71 | 7.88 |
| 半水成土 | 78.59 | 8.18 |
| 水成土 | 42.67 | 4.44 |
| 盐碱土 | 19.08 | 1.99 |
| 岩成土 | 104.03 | 10.84 |
| 高山土 | 198.78 | 20.70 |
| 其他 | 20.24 | 2.11 |

**表 3.11　土地资源构成状况**

| 类别 | 面积(亿亩) | 占土地总面积(%) |
|---|---|---|
| 耕地 | 20.4※<br>14.4　22.0※ | 10.0 |
| 园地(桑、果、橡胶园) | 0.5 | 0.3 |
| 林地<br>(有林地) | 20.0<br>17.3 | 13.9<br>12.0 |
| 草地<br>(其中可利用的草地) | 47.9<br>33.7 | 33.3<br>23.4 |
| 水域<br>1. 沿海滩淤<br>2. 内陆水域(河流、湖泊、库、塘) | 4.3<br>0.3<br>4.0 | 3.0<br>0.2<br>2.8 |
| 城市、工矿、交通用地 | 10.0 | 7.0 |
| 未利用土地<br>1. 引农荒地<br>2. 以林草荒地<br>3. 沼泽<br>4. 沙(漠)化土地<br>5. 沙漠<br>6. 戈壁<br>7. 寒漠<br>8. 石质裸露山地<br>9. 永久山地和冰川 | 47.4<br>5.0<br>11.7<br>1.1<br>2.6<br>9.0<br>8.4<br>2.3<br>6.5<br>2.6 | 32.9<br>3.5<br>8.0<br>0.8<br>1.8<br>6.3<br>5.8<br>1.6<br>4.5<br>0.6 |

※　为农牧渔业部估算值和卫星图片估算值

## 中国土地资源的八个特点

**人均占有土地资源少** 中国土地总面积 $960\times10^4km^2$,但由于人口众多,人口密度高达 110 人/$km^2$,致使人均占有土地面积少(14 亩),不到世界平均水平(44.5 亩/人)的 1/3。从农、林、牧业角度看,世界人均占有耕地 48 亩,林地 13.6 亩,草地 10.4 亩,而中国分别只有 1.4 亩、1.9 亩和 4.5 亩(按 1987 年人口 10.722 亿,耕地 14.4 亿亩,林地 20 亿亩,草地 479 亿亩计算)。显然,人均占有量大大低于世界平均水平。

**土壤类型众多** 据统计,全国土壤有 10 个土纲,46 个土类,128 个亚类。其中以高山土纲的面积最大,占全国土地总面积的 20.70%;其次是铁铝土、淋溶土、钙层土和岩成土等土纲;再则是半水成土、石膏岩层土、半淋溶土、水成土和盐碱土土纲。除了部分土壤、水体和城市、工矿、交通用地外,其余的土壤均具有不同的生产力水平。

**山地土壤资源比重大** 与原苏联、加拿大和美国等领土较大的国家相比,中国山区土壤资源比重大。其中海拔 1000m 以上的土壤约占全国土地的 50%,海拔 3000m 以上的高山土占 20%左右。一些山地土壤资源为农、林、牧的主体结构发展创造了良好条件。

**耕地面积小** 据 1987 年统计,中国拥有耕地 14.4 亿亩。但根据有关部门估计分别为 22 亿亩和 20.4 亩。建国 30 余年,开荒增加耕地 4.9 亿亩。然而,人口的增长,工矿、交通、城镇居民点的发展,以及生态环境的破坏,致使土壤退化,又丧失了不少良田。目前,全国非农业占地达 10 亿亩,平均每年占用耕地 550 万亩。

**耕地分布不均衡,土地垦殖指数低** 东部湿润区虽然仅占全国土地面积的 45%,却集中了全国 95.2%的人口和 88.7%的耕地。西北干旱区占全国土地总面积的 30%,但只占有全国 10.5%的耕地和 4%的人口。中国土地垦殖指数低(10.4%),这与中国多山、干旱地区分布面积大有关。

**土地退化现象明显** 六七千年频繁的人类活动,滥伐、滥垦、滥牧、滥采,以及耕作管理措施不合理等因素导致土地退化。这表现在中国的水蚀加剧,风蚀扩展,土壤性质恶化和良田侵占等诸方面。

**林地少,覆盖率低** 数千年来,由于人口的增长,盲目毁林开田,以及战争祸害等原因,致使昔日大片森林遭到破坏。森林资源大约有一半集中在东北和西南地区,而广大农区和牧区呈现少林,甚至无林的状况。中国森林覆盖率为 12.7%,低于世界平均水平(30.6%)。

**草地生产力低** 北方现有草地 47.9 亿亩,其中可利用草地 33.7 亿亩,占 70%。据统计,缺水草地 11 亿亩,由于沙化引起的退化草地 10 亿亩。就草地质量而言,中、低等草地约占 75%。某些生产力水平低的草地,每亩年产干草仅 25~50kg。

## 土地资源利用不合理引起的环境变化

**森林草原植被破坏对环境的影响** 中国是一个多山的国家，古代森林面积一度占土地总面积的50%。在历代人口不断增长、毁林开荒、盲目采伐、森林火灾、经营管理不善，以及帝国主义掠夺等情况下，中国已由原来森林资源丰富、多林的国家变成了现在的贫林之国。有林面积只剩下17.3亿亩，森林覆盖率低达12.7%。这可从黄土高原、东北和西双版纳林地的点滴变化表现出来。黄土高原在西周时期的森林面积约有4.8亿亩，森林覆盖率达53%（中国科学院西北水保所，2000年中国水土流失趋势预测及预防对策研究，1985）。经过秦汉、唐、宋、明清三个时期的大破坏，广大丘陵、塬区森林荡然无存，草原严重退化，至建国初期，森林覆盖率只剩下3%。后虽经大力营造森林，尚未能恢复历史原貌。东北大部分地区在3000年前曾为大片森林所覆盖，其中黑龙江省森林覆盖率达93%，吉林和辽宁省也在70%左右。经大量砍伐、森林火灾和日本帝国主义的掠夺，森林覆盖率已分别下降到36.2%、36.1%和22.8%。西双版纳在建国初期拥有森林面积1585万亩，现减少到827万亩，森林覆盖率由55.0%下降到28.7%，并且热带雨林在人为巨大冲击下，向南退缩，仅呈一不连续的狭长地带。

中国北方草原基本上处于原始放牧状态，草原建设少，草场载畜量过高，加之滥垦和樵柴，草原退化严重，其面积已达77亿亩。这在半干旱农牧交错带尤为明显。内蒙古草原30余年来，由于过度放牧、农垦以及人工草地建设差等原因，牧草产出量平均下降30%～50%，覆盖度降低30%～90%，草丛高度降低59.7%～76.7%，优良牧草比重下降38%～90%，可食饲料贮量下降33.9%（许世勋，内蒙古土地退化及其治理，1990）。森林、草原植被的大量破坏，甚至退化，引起良好生态系统的瓦解，从而进入一种恶性循环：生物品种消失，土壤养分和水分循环失调，下游河道淤积、水库淤塞，气候异常、旱涝风沙灾害频繁。下面将从这几方面叙述植被破坏后对环境的影响。

**生物物种的消失**：随着西双版纳热带雨林每年以 20 多万亩速度递减，严重破坏后，野生动植物资源急剧减少，致使许多珍贵稀有的动植物，如木莲、龙脑香、望天树，亚洲象、野牛、白颈长臂猿、孔雀等濒于灭绝和临危的境地。

**土壤养分和水分循环失调**：川西林区的定位实验表明，植被一旦破坏，土壤物质即开始失调。在森林刚采伐后的迹地上，枯枝落叶层的蓄积量比未采伐林地减少 49%，由枯枝落叶层归还迹地土壤的化学元素总量为 2.53 $t/hm^2$，仅为林地 5.54 $t/hm^2$ 的 46%。随着森林进一步破坏，地表径流量和冲刷量增大，土壤水分减少，土壤有机质和养分丧失。

**气候异常、旱涝风沙灾害频繁**：森林、草原植被严重破坏后，生态系统的综合功能削弱，这在气候上也有所反映。70 年代与 50 年代相比，西双版纳热带雨林区的气候从湿热转向干热，年平均气温上升 0.4℃，相对湿度降低 2%，雾日减少 16 天，日雾持续时间缩短 2 小时 18 分。气候变化还反映在旱涝风沙自然灾害日趋严重方面。据历史记载，黄河下游地区自公元前 602 年至公元 1949 年的 2500 年间，黄河下游决口 1500 次，较大的改道 26 次。随着人口的不断增长，植被的破坏，由此而引起的洪水泛滥灾害次数逐渐增多。在正常情况下，1$hm^2$ 森林在生长季节里，每天蒸腾到空气中的水分约 20 t。森林破坏后，生态功能减弱，由此而引起的旱灾次数增多。据记载，在 620～719 年的 100 年间，中国南北方 18 个省区共发生旱灾 43 次，而在 1520～1619 年的 100 年间，则增至 170 次。可见，森林破坏减少大气湿度和降水量，引起干旱的影响是十分巨大的。

除此之外，植被破坏后引起的风沙袭击也历历在目。自清代乾隆年间到建国前夕的 200 余年中，由于毁草开垦，如今榆林关外 30 km 已沦为沙漠，南侵的风沙每年吞没农田 1400 $hm^2$。还有许多历代的名城，如汉代的奢延、高望，北魏的大夏国都城，唐代的宥州、大石砭、白城台、古城界等,均由于植被的破坏、风沙的侵蚀而冥灭于沙漠之中。

## 我国土地资源的发展趋势

我国现有人口已达13亿,预计2020年达15亿。人口剧增,造成在有限的土地资源条件下土地承受的压力过重,并将制约土地资源的发展。人口的持续增长,国民经济的发展,造成生态环境亟待改善,而后备耕地资源不足将导致我国耕地数量继续减少。这是一种不可逆的发展趋势,主要表现在城乡建设和工业交通用地将继续增加,以及水利建设用地、平原防护林占用耕地、退耕还林还牧将减少部分耕地等。目前,我国非农业用地约有10亿亩,占全国总土地面积7.0%,平均每人约占用土地1亩,其中城市人口平均用地100m²,农村人口居民点用地为200~266m²。到2000年,总人口达13亿,非农业占地将增加1.5亿多亩。据全国水利规划,2000年全国有效灌溉面积可达8.2亿亩,加上为改善城市用水和防洪排涝进行的水利工程用地,估计将新增水利用地2500万亩,其中占用耕地1500万亩。

我国现有一部分耕地分布在陡坡和易沙化的土地上,因环境不良,经营粗放,生产力水平很低,需逐步退耕还林还牧,以免造成严重的水蚀和风蚀沙化。北方农牧交错地区的耕地受沙化影响十分严重。据研究,正在发展中的沙化地区,退耕比例以25%为宜,强烈发展中的沙漠化地区,退耕比例应为50%,严重沙漠化地区的退耕比例为60%~70%,即便按25%比例退耕,实际退耕面积约为2000万亩。黄土高原丘陵沟壑区,需退耕面积6000~8400万亩。另外在西南三省中,贵州现有20%的耕地是35°以上的陡坡地;四川1亿多亩耕地中有22%分布在30°以上的陡坡地上;云南也有50%的旱地在退耕之列。仅以上三大片粗略估计,退耕面积达1.2~1.4亿亩。为了弥补耕地面积的减少,今后可适当开垦一些荒地,但潜力不大。据估计,我国后备耕地约有5.3亿亩,其中

40%～50%为天然草地，主要应用于发展畜牧业，另外16%～20%分布在南方丘陵山地，主要宜于发展林业，尤其是木本经济作物。余下仅2亿亩，若能在2000年左右全部开垦为农田，以土地垦殖率50%～60%计算，可净得耕地1～1.2亿亩。目前，我国矿区占用和破坏的土地约3000万亩，如果科学地进行复垦，从中可重新获得1000～1500万亩，其中部分可用来扩大耕地。

综上所述，非农业占地如控制在1.5亿亩左右，加上水利用地1500万亩，退耕还林还牧地1.2～1.4亿亩，以及平原防护林占地6000万亩，到2000年耕地可能减少3亿亩左右，加上新垦1～1.2亿亩耕地，耕地总面积将减少约2亿亩。按现今耕地20.4亿亩为准，届时耕地和人均耕地面积将分别为18亿亩和1.42亩。

## 未来林地和草地资源的发展趋势

**未来的林地**：我国山地丘陵面积大，许多山丘荒秃，水土流失严重，甚至石质化，为此，林业建设和林地布局应转向有潜力的山区。南方亚热带丘陵山地占土地面积的80%，约2/3分布在海拔1000m以下，热量丰富，水分充沛，土壤适宜，可加强投资，造林育林。同时，防止滥伐及刀耕火种，则本世纪末有林地可发展到21.6～23.0亿亩，森林覆盖率可增至15%～16%。

**未来的草地**：我国现有草地47.9亿亩，其中优质草地占25%，中等占45%，低等占30%。以草地的第一性生产力而论，与国外同类草地相比并不逊色(陈佐忠，我国天然草地生态系统的退化及其调控，1990)。如北美草地亩产干草50～850kg，前苏联和蒙古为30～700kg，世界平均为35～850kg，我国不同草原类型亩产干草50～500kg。以载畜量而言，我国不同类型草原10～50亩可养1只羊，而澳大利亚内陆草原地带为45亩养1只羊。但是目前单位面积草地所提供的畜产品数量与国外相比差之甚多。究其原因是草地退化，即草原生态系统输出大于输入，物质循环长期不平衡。有关文献认为，到2000年，草场总面积将比现在减少20%，单位面积产草量下降30%以上。倘若北方草地能有一定的能量投入(包括松土、耕翻等)和营养物质投入(施肥)，规划兴建一些人工草场，或者在某些有灌水条件的地方实行家庭小草囫囵(许世勋，内蒙古牧区土地退化及其治理，1990)，采取围栏休牧、轮牧措施，防止滥垦、过度放牧和樵采，草地的质量将有所提高，而且草地面积不会有大幅度下降。

# 第四章

# 荒漠化形成的机制与气候变化

荒漠化是一个世界性的生态环境问题。中国是荒漠化发展最严重国家之一，50 年来荒漠化土地扩大 $5\times10^6hm^2$。在已利用 $2.2\times10^8hm^2$ 草地中，有 $0.81\times10^8hm^2$ 草地退化，占利用草地面积的 36.82%。而有一些荒漠和沙地在数十年前或百年前还是草地和耕地。荒漠化发展的速率较快，大约每年在 0.81%～1.64%之间。荒漠化的成因主要有气候、地形地貌、土壤结构和人类活动，其中气候变化对荒漠化形成提供背景、而人类活动则是最为活跃、也是在很大程度上可以调控的因素。

## 荒漠化的成因

荒漠化是自然、人为的综合因素形成的，其机理比较复杂。目前学术界对荒漠化成因争议颇多。以风力作用形成的沙质荒漠化（简称荒漠化）为例，有的学者认为，荒漠化是气候干旱的产物，而多种尺度的干旱是全球或半球气候变化的结果。另一些学者认为，荒漠化诸多因子中干旱气候仅起到诱发和促进作用，人为因素才是决定性的，荒漠化是人类活动的产物。但有许多学者认为，荒漠化是气候干旱或人类活动，或两者共同作用的结果，但时间和空间尺度不同两者的作用程度存在差异。

许多学者都研究了荒漠化的形成。董光荣等根据已有的第四纪地质、历史文献和现代观测、调查等记录，从后一观点出发，对我国荒漠化研究较多、分布较广的半干旱和半湿润地区荒漠化的成因在第四纪以来不同时间尺度、现代的荒漠化成因做了综合分析。

## 更新世时期万年以上尺度荒漠化的成因

沙漠化作为荒漠化的一种类型，受气候变化和人为因素等影响，不仅在人类历史时期和现代时期存在，而且在更古老的地质时期也存在。沙漠是荒漠化发展的最终结果，因此，可依据地层的沙漠演化记录推断荒漠化正逆过程的转变。第四纪更新世既是气候冷暖和干湿变化的剧烈时期，也是人类演化的重要时期，因而也是荒漠化发展的重要时期。在中国北方半干旱和半湿润地区，特别是生态环境脆弱不稳定的荒漠-黄土边界带，第四纪地质调查结果表明，区内广泛分布着风成沙、黄土和古土壤叠覆更替的地层序列。这里的风成沙是沙质荒漠化过程的产物，其存在代表流沙出现或扩大，是荒漠化发生、扩展正过程的标志。古土壤无论质地如何，都是生草成壤过程的产物，它的存在代表流沙缩小、固定，是荒漠化逆过程的标志。黄土是流动沙地下风向外围生草环境的粉尘堆积，反映了其沉积区具有一定覆盖度的灌草植被存在。在同一地层剖面中，如果黄土叠覆于风成沙之上，表明荒漠环境向草原环境转化，沙地已生草拦尘，荒漠化开始逆转；如果黄土覆盖于古土壤之上，表明环境向比土壤形成时更干燥寒冷的方向发展，地表植被盖度减少，成土作用减弱，荒漠化已由逆过程向正过程转变。因而，可将黄土视为荒漠化正逆过程转变的过渡标志。因此，该区地层中风成沙、黄土和古土壤的叠覆更替，实际上反映了土地荒漠化正逆过程随时间的变化及其在空间上的摆动。

位于毛乌素沙地东南缘的榆林园艺场剖面记录了 1.1Ma B.P.[①]以来荒漠化的这种演变过程。其中有风成沙代表的15次荒漠化正过程，古土壤代表的18次荒漠化逆过程和黄土代表的16次荒漠化正逆转变的过渡过程。这些荒漠化正逆过程在时间上可与黄土高原地层，深海氧同位素以及青藏高原黄土沉积所揭示的万年和数万年时间尺度的气候变化相对应。表明该地更新世荒漠化正逆过程的变化是受地球轨道要素制约的全球气候变化控制。当然，在更新世我国北方荒漠化地区也存在人类活动，但迄今为止，发现人类活动遗迹(如河套人等)所使用的工具为木棒、骨器和石器，以狩猎和采食为生，对自然界的影响甚微，根本不足以阻挡地球轨道要素控制的自然荒漠化正逆过程的出现。由此可见，更新世期间万年以上尺度的荒漠化正逆过程的主要原因是地球轨道要素控制的全球气候变化。国内外学者对荒漠化地区古气候的研究表明，热带和温带地区的土地荒漠化大多数是在新生代以来逐步形成的。而且，土地荒漠化的发展和逆转与气候的波动有根本的联系。尤其是全新世以来，两者之间的对应关系表现的更为密切。

第四纪和古气候专家对全新世以来我国主要沙地和荒漠气候变化与土地荒漠化之间关系的研究证实，气候的波动情况直接影响着土地荒漠化的发展方向。与北半球气候波动的对比研究发现，我国东部地区沙地和荒漠的发展普遍对应着气候的寒冷期，而固定和逆转期则与气候的温暖期相一致(表)。这种对应关系在世界上的其他地区也是如此。譬如，Л. П. Ворвецкова 在研究2000万年以来撒哈拉荒漠扩大和逆转的变化规律与北半球冰期的联系时也指出了这种对应关系。因此，多数学者认为，低温干旱与温暖潮湿相交替是第四纪气候变化的一般规律。而我国西部地区的土地荒漠化则恰恰相反。如塔克拉玛干荒漠，上新世末、更新世初以来的

---

① Ma B.P.表示距今百万年前，ka B.P.表示距今千年前，a B.P.表示距今的年数，下同。

新构造抬升运动可能是造成这种情况的原因。这一地区，由于远离海洋，加之周围青藏高原和天山等山体的阻挡，东南和西北方向来的水汽都难以到达，使气候一直处于干旱条件下。但考虑到气候寒冷时，陆地蒸发减少，山区冰雪面积的增大使融水有所增加，可能会使气候变得湿润些，从而阻止了土地荒漠化的发展。

## 全新世时期千年和百年尺度荒漠化的成因

在 10 000a B. P. 以来至 19 世纪的全新世时期，我国北方半干旱和半湿润地区，如同更新世时期一样，也出现了多次以流沙生消扩缩为标志的荒漠化正逆过程。所不同的是，由于这一时期短，全球特别是我国东亚季风区气候的干冷、暖湿波动频率较高，同时，这一时期人类的生产活动对环境施加的影响逐渐增大，所以荒漠化正逆过程的波动较之更新世更为频繁，但波及的空间范围则明显稍小。从位于荒漠-黄土边界带的榆林三道沟（毛乌素荒漠东南缘）、东北太平川（科尔沁沙地东北缘）和位于荒漠腹地的哈登胡舒（浑善达克荒漠）、凤凰山（青海共和沙地）等剖面的地层沉积相多为风成沙、黄土、古土壤互层（荒漠-黄土边界带）或风成沙与古土壤互层（荒漠腹地）结构可以看出，该区在全新世仍存在荒漠化正逆过程的多次反复。

例如，全新世期间，榆林三道沟剖面出现了 5 次荒漠化逆过程和 6 次荒漠化正过程为主的时期，哈登胡舒剖面出现了 6 次荒漠化逆过程和 7 次荒漠化正过程为主的时期，即存在 5.5 或 6.5 个荒漠化正逆过程旋回，平均周期为 1500 年左右。而这些剖面地层磁化率的测定结果，都明确显示与风成沙、黄土、古土壤相对应的气候，也存在同样周期的干湿变化。尤其近 2000 年来我国气温更是经历了多次冷暖波动。由于我国地处东亚季风区，温度的变化必然导致降水变化，进而导致荒漠化正逆过程互相转变。

例如，在秦汉暖湿期，荒漠化以逆过程为主，科尔沁、毛乌素等沙地大面积固定，荒漠化土地面积减少。同样，在隋唐、五代暖湿期，也是荒漠化逆过程为主、流沙地面积减小时期。相反，东汉至南北朝较寒冷干旱期，荒漠化以正过程为主，流沙地面积扩大。北宋寒冷干旱期也是如此。可见，近 2000 年来荒漠化正逆过程旋回应是百年计周期为主。

由于全新世时期该区荒漠化的正逆过程变化与气候的冷干、暖湿变化，无论在千年尺度上，还是在百年尺度上都具有同步性，即风沙活动增大的荒漠化正过程多出现在干寒期，古土壤发育的荒漠化逆过程多出现在温暖湿润期，而介于两者之间既可以指示荒漠化正过程、又可以指示荒漠化逆过程的黄土沉积多出现在气候的缓慢转型期。因此，可以认为，全新世时期的气候变化依然是该区荒漠化正逆过程变化的主要控制因素。但是，人类活动对荒漠化的影响也不容忽视。进入全新世以后，随着人口数量迅速增长，钢器、铁器生产工具的广泛使用，人类对环境施加的影响也逐渐增强。

但是，这个时期人类活动对自然环境的影响，存在正反两方面的作用，导致两种截然相反的结果：一方面，人类为了谋求生存，进行了一系列放牧、农耕和采伐等生产活动，甚至在许多时期还出现战乱等大范围社会活动，破坏了地表植被和土壤，造成了风蚀、风力搬运及风沙堆积等荒漠化正过程，这可能是这个时期人类活动对荒漠化影响的主要形式；另一方面，也不能排除人类在向自然索取的过程中，曾通过植树、封育等措施保护自然环境，尽管这可能是人类活动对荒漠化影响的非主要形式，却使局部区域荒漠化过程有过不同程度的逆转。这两种表现形式的例证在人类历史上都不乏体现。如宋代由于气候干旱，北方民族入侵，像辽、金等都在现今科尔沁沙地和毛乌素沙地垦荒，加速了这些地区的土地荒漠化扩展，又如清朝建立以后，随着人口增加，也进行了大量放垦，使本区土地荒漠化大规模扩展。但同样是清朝干冷气候背景下，由于皇家围猎的需要，在现今河北围场一带进行了封育，使得该区土地荒漠化非但未出现向正过程发展，反而促进了荒漠化的逆转过程，在原流沙地上建立起林木茂盛、风景优美的皇家狩猎区。

然而，相对于气候变化而言，人类活动对荒漠化的影响始终处于从属地位，只是对气候变化导致的荒漠化正逆过程起某种加速、加剧作用。这是因为随着全新世以来人口增加，生活必需品势必增长，生产工具和技术的改进，人类对自然环境的影响力不断加大，地表植被和土壤的破坏日趋严重，在人类历史时期荒漠化正过程势必不断加强，如果没有适宜的气候背景，不可能出现大范围生草成壤的荒漠化逆过程，即使有逆转现象也应发生在人口较少时期，但这与我国历代人口数量变化和同期的荒漠化过程是相矛盾的。

例如汉朝中期，特别是西汉平帝元始 2 年，人口为 5959.4978 万人，是我国历史上人口较多的阶段，其时由于气候温暖湿润，荒漠化仍处于逆过程时期，而南北朝时人口已减少到 1000 万人，但由于气候干寒，荒漠化却以正过程为主；又如隋唐时期人口逐渐增多，609 年人口达 4601.9956 万人，到 775 年人口达 5291.93 万人，可是这一时期气候温暖湿润，作为荒漠化正过程强度指标之一的“雨土”频次却处于低谷，许多沙地固定，荒漠化逆转。即使在 1644 年以后至 19 世纪这一期间，此时正处于全新世最后一次小冰期，气候干冷，同时又是我国人口大幅度增加阶段，从而成为我国半干旱和半湿润地区荒漠化正过程急剧发展的时期，也是我国该区荒漠化土地分布格局的主要奠定时期。我国北方地区荒漠中的古城遗址便是历史时期土地沙质荒漠化的明证。根据其发生、发展的特点可分为两大类型：

①发生在干旱地带的历史时期沙质荒漠化土地，如塔克拉玛干荒漠南缘深入荒漠内部一些河流下游的古城遗址，如尼雅河下游的精绝等，额济纳河下游的居延海黑城地区，乌兰布和荒漠的北部等。这些遗址的产生并不是简单的荒漠中沙丘前移入侵的结果。因为这些遗址大部分并不位于沙丘前移的范围内，而是由于水资源利用不当，下游水资源缺乏，绿洲荒废的结果，而遗址周围的沙丘则是绿洲废弃以后风力吹扬沙质平原与灌丛沙堆的结果；

②以额济纳河下游居延海黑城地区为例，根据航空相片结合

地面考察研究，额济纳河下游有两个三角洲：一为东河、西河下游的戈顺诺尔和索果诺尔的现代三角洲，另一为额济纳河居延海黑城古三角洲。在这一古三角洲上，根据历史考古资料保存有北、西、东三条塞墙烽燧的遗址。在遗址内广泛分布有古代耕地、渠道和居民点的痕迹。

根据《史记·匈奴传》，汉太初三年（公元前102年）“使徐自为出五原塞，筑城障列亭”的同时，“使强弩都尉路博德筑居延泽上”（当指弱水额济纳河）两岸的城、障、坞、台及垦区而言。可见公元前1世纪居延海地区就有人类从事农业活动，从垦区内房屋遗址建筑材料$^{14}C$测定的结果，其上限为(2029±51)年。东汉安帝时设张掖居延属国，别领一城即居延城。《后汉书郡国志》记载：“居延属国户一千五百六十四，口四千七百三十三”，到汉献帝兴平二年（公元195年），居延县改为西海郡。木简中有“地热多沙”的记载，反映沙质平原在干旱环境下，经过开发后，已有风沙活动，但未形成大规模的荒漠化土地。所以自东汉以后到北魏，历时300余年，居延地区农牧业生产仍未中断，公元六世纪时还有“土地沃衍，大宜耕殖……且可水为重戊，镇防西北”的记载，反映当时还不是荒漠化景观。北魏以后农垦方面的历史记载较少：一是由于战争原因，二是也与沙质平原在长期开垦以后已出现荒漠化情况有关。因此唐代设置的宁寇军就偏于三角洲的中部，西夏设置的黑山威福监军司，元代至元23年（公元1286年）置亦集乃路总管府，都位于三角洲的中部，反映三角洲下部已成为流沙密集的荒漠化土地，所以西夏及元代的垦区，除部分利用三角洲中部五塔寺一带汉代垦区南部外，主要在五塔寺西南三角洲的中上部开发，黑城便是新开发区的中心，从黑城邻近地区广泛出土的西夏元代陶瓦砖残片和10～12世纪的铜钱，以及保存较完整的居民点渠道耕地痕迹，可以反映当时开发的规模。至于黑城垦区废弃的时间，根据黑城及其邻近地区出土遗物和有关文字的记载，最晚年限为元顺帝至正19年（公元1359年），其废弃的原因是与元末明初的战争破坏水利设施、灌溉水源断绝所致。随后,明代又大规模开发长城以内的河西走廊,大量移民垦田,中游地区用水量剧增,影响下游灌溉水源,所以居延海黑城垦区破坏以后,一直未得到恢复,成为典型的历史时期沙质荒漠化土地。由此可见,全新世时期我国荒漠化正逆过程的变动主要是由千年或百年尺度上的气候干湿波动主宰,人类活动仅在气候变化基础上起着一定的加速、加剧作用。

## 历史时期沙质荒漠化过程

沙质荒漠化作为环境变化的一个方面,不仅仅限于近百年内,还应追溯到人类历史时期。半干旱地带的沙质荒漠化历史过程,可以科尔沁草原为例。根据历史资料,早在辽王朝建立以前 6~7 世纪时,契丹的一些部落曾游牧于今日西拉木伦河与老哈河之间,"追逐水草,经营牧业"。根据《辽史》记载:在辽王朝建立以前,除畜牧业以外还发展农业,当时是"地沃宜种植,水草便畜牧"的环境。

10 世纪初辽王朝于今日乌尔吉木伦河与沙力河会合口附近建立了上京临潢府,并在潢水两岸建立了不少州、县,如乌州、龙化州、永州、松山州等。到 10 世纪中叶这个地区已和辽海地区发展成为"编户数十万、耕垦 4 余里"的农垦区。目前这些遗址已大部位于沙丘之中,如老哈河与教来河间的龙化等。随着草原农垦范围的扩大及樵采活动的结果,植被大量受到破坏,到 12 世纪的金代,有些地区已出现了"土脊樵绝"的情况,反映了沙质荒漠化已有发生。

13 世纪以后随着元、明王朝建立,政治中心南移,农垦规模有所缩小,在半干旱气候条件下,天然植被有所恢复,沙质荒漠化过程有所逆转,所以到 17 世纪清初,这个地区又成为"长林丰草……讹寝咸宜,……凡马驼牛羊之孳息者,岁以千万计……"的优良草场。

18 世纪中叶以后,清政府对这一地区推行放牧招民垦种政策,草原逐渐开垦。以奈曼旗为例,农垦大致由南向北发展,1767 年偏于南部青龙山一带,1892 年扩大到中部波状沙质平原的太和下洼等地,到清代末一直扩大到北部坨甸交错的固定沙丘与沙地。

疏林草原环境逐渐演变为农田、牧场与流沙、固定、半固定沙丘相间的景观。根据哲里木盟一些旗县农垦的历史，在科尔沁草原东部西辽河以南的农垦一般是在1750～1900年进行。科尔沁草原荒漠化景观的发生、发展也就伴随着草原农垦而发展起来。例如现代的毛乌素沙地在6 ka B. P. 已有人类活动，在公元前618年还是一个水草丰盛的大草原，公元413年在毛乌素南部地区建立了夏王朝，400年后夏王朝毁灭于风沙和战乱。在唐、宋时期人类相继在毛乌家草地进行垦殖，使其西北部荒漠化，清朝政府为了富国强兵，大力开发“蒙古荒地”，使沙地向草地东南部扩张，流动沙丘南移，在1000多年内沙地由北西向东南推进了约150km。

## 现代时期数十年至数年尺度的荒漠化成因

现代时期的荒漠化是指1900年以来有仪器记录气象变化时期内所发生的荒漠化过程。在经历了更新世和20世纪前全新世的气候变化和荒漠化之后，我国北方半干旱和半湿润地区的生物气候带已基本处于目前位置。地表砂物质丰富，植被稀疏，气候干燥多风，降水变率大，生态环境十分脆弱，自身已孕育着荒漠化发生、发展的自然因素和过程。因而，在气候的干湿波动控制下，加之日益增强的人类经济活动影响，该地区仍然存在时间尺度更短、更为频繁的荒漠化正逆转化过程。

毛乌素草地的荒漠化不仅是古代文明期荒漠化的典型，也是当代荒漠化最严重的地区之一。在1950～1990的40年间，由于人们对毛乌素草地进行过度垦殖，使毛乌素沙地向南北两面扩张，北部与鄂尔多斯高原的库布齐沙地相连，南部与黄土高原的北界相连接，毛乌素草地原有面积$13.3\times10^6hm^2$，现在有$6\times10^6hm^2$为风沙所覆盖。科尔沁草地面积约为$4.23\times10^4km^2$，20世纪50年代初，草地沙化的面积仅占12.50%，1989年沙化面积已达77.60%，沙化率为1.63%。松嫩平原西部土地面积为$10.65\times10^6hm^2$，在1950～1990的40年间，碱质荒漠化面积发展了6.24

$\times 10^6 hm^2$,占土地面积的58.63%。荒漠化的发展速度每年约为1.47%,这是中国碱质荒漠最严重的地区。

## 近10年来沙质荒漠化发展趋势

20世纪80年代初期,利用50年代末和70年代末期航空相片的对比分析,提出东起科尔沁草原经围场、丰宁北部、张家口的坝上地区、内蒙古锡盟南三旗至乌兰察布草原的商都、四子王旗、武川、达茂旗至固阳北部的草原旱农垦区是近半个世纪以来沙质荒漠化蔓延最明显的地区,这些地区周围并无原生荒漠与之毗连,不存在荒漠中沙丘前移的危险。

锡盟南三旗北部虽有浑善达克沙地,但沙地系固定、半固定沙丘所组成。20世纪50年代末流沙仅占该沙地面积的2%,虽经"大跃进"和"文革"时期草原开垦和过牧影响,流沙有所发展,到70年代中期流沙发展到占沙地面积的14%,但都位于沙地内部井泉放牧点及居民点附近,没有大规模的流动沙丘向外围前移,然而在沙地南缘的草原旱农区沙质荒漠化自20世纪70年代中期至80年代中期仍在扩大,沙质荒漠化土地占该地区28.7%,增加到35.3%,说明10年来沙质荒漠化在发展中。

值得注意的是整个中国北方农牧交错地区沙质荒漠化的发展。农牧交错区(监测面积$24\times 10^4 km^2$),占全国沙质荒漠化区域的63.8%,70年代中期有沙质荒漠化土地$11\times 10^4 km^2$,到80年代中期发展到近$12.7\times 10^4 km^2$,从占土地总面积的45.3%增加到52.7%,平均每年增长$1479.3 km^2$,年增长率为1.39%。

从沙质荒漠化发生的性质来看,有42.2%的沙质荒漠化土地是属于原非荒漠地区发生类似沙质荒漠景观的土地。它与原生的沙质荒漠毫无联系,如乌兰察布草原及冀北的坝上沙质荒漠化土地。有52.3%面积的沙质荒漠化土地是在原来固定沙丘的基础上,由于放牧及过度樵采所造成的沙丘活化,浑善达克沙地、科尔沁沙地与毛乌素沙地等便是属于这种性质。有5.5%的面积乃系原生荒漠边缘的沙丘在风力作用下前移入侵所造成,如塔克拉玛干荒漠西南(皮山)和东南(且末)边缘等地,然而这种前移速度是很缓慢的。

观测资料表明:20 m高度以上的沙丘前移极慢,年前移率在1 m以下,10~20 m高的沙丘年前移率仅1~3 m,5~10 m高的沙丘年前移率在3~5 m,3 m以下的沙丘年前移率在5~10 m,因而沙丘前移扩大的范围是很有限的,而且时间是漫长的。不像沙质荒漠化土地在人为强度活动干扰及连续多年干旱的情况下蔓延的范围很大而速度很快。

# 荒漠化形成的气候因素

## 万年尺度的气候变化

中国北方的荒漠化发生过多次正逆过程的演化，冰期—间冰期气候的交替是促进这一过程的驱动力。荒漠化发展最严重的时期是末次冰期的极盛期（18000～15000a B. P.），当时的气候十分干冷，年平均温度较现代低 10～12℃，甚至更低。干旱荒漠草原与半干旱草原的界线从 33°N 扩展至 35°N，从 113°E 向东扩展至 122°E，为荒漠化的强力扩展期。中国大陆处于海退期，海平面为－150 m，东南大陆架几乎全部露出海面，海岸线向外推进 400～1000 km，荒漠、黄土面积扩大，湖泊收缩。与当代中国气候环境相比较，干旱荒漠草原面积达 29.81%，其边界向南扩至 34.5°N，向东扩至 122.5°E，当时的年平均气温至少低于现代 10～12℃，降水量减少 50%。青藏高原地区均为冻土层所覆盖，而且，东北和西南地区的冻土相连接，占中国大陆面积的 40.90%。冻土带和干旱荒漠的面积占 70.71%，这是近 0.02Ma B. P. 生态环境最恶劣的时期。

自上新世末和早更新世初在北半球高纬度带发生冰盖后，经历了多次冰期—间冰期旋回，最近的一次是大理冰期末次冰期-间冰期的变化（0.13MaB. P.）。以往人们主要是通过冰期间冰期旋回的规律来研究气候变化。近年来，刘东生、安芷生等从黄土地层序列中提取丰富的环境信息，揭示了黄土族积过程中古气候、古环境的变化规律。这对于研究中国荒漠化的成因具有特别重要的意义。在黄土地层序列中常发现古土壤层，少者 3～5 层，多者达 37 层。黄土是在干冷气候条件下形成的风尘沉积物，古土壤是在温湿条件下发育而成的，它们的交替出现反映了干冷与温湿气候和环境的变化。人们可将黄土和古土壤中的某些物理、化学特性作为气候和环境变化的指标，例如黄土的 $CaCO_3$ 含量高、磁化率低，而古土壤则相反。根据黄土剖面的磁化率曲线和其它指标划分出了 3

个气候时段，即温湿期(0.128～0.073Ma B.P.)、干冷期(0.073～0.0 Ma B.P.)、回暖期(0.011 Ma B.P.)，后者标志着全新世的到来。研究表明，9～5kaB.P. 是一个高温高湿期，5kaB.P. 年以来又出现了一系列小冰期的气候颤动。因此，0.02Ma B.P. 以来气候的变化对研究荒漠化形成与演变十分重要。

## 千年尺度的气候变化

末次冰期的极盛期结束后气候逐渐变暖，0.01Ma B.P. 开始了全新世的温湿期，9～5ka B.P. 为全新世的高温高湿期，中国北方的气候和环境发生了深刻的变化，年平均气温较现代高 2～4℃，冰川消退，雪线上升，湖泊面积扩大，海平面较现代上升 2 m。与末次冰期极盛期相比较，冻土带的面积大大缩小，在东北已退缩到 49°N 以北，青藏高原冻土仅限于很小的范围(37.5°～32°N，78°～97.5°E)，面积占 8.42%。温带森林的界线从 28°N 北移至 52°N，直接取代了东北地区广阔的冻土带。干旱荒漠-草原也从东向西收缩了 17.5°(105°～122.5°E)，而在纬度上的变化不大，仅北移 2°～3°，面积占 18.17%。在 35°～38°N，整个内蒙古高原和鄂尔多斯高原的干旱荒漠植被景观为半干旱草原和森林草原景观所取代。北方草原沙层中和黄土高原的土层中，在 11～7 ka B.P. 和 6～4.5 ka B.P. 的时段内形成了多层古土壤，这标志了干冷与暖湿气候的微小颤动。这是 0.02 Ma B.P. 中国北方气候和生态环境的最佳时期。在中全新世(5ka B.P.)高温高湿期结束后，气候向干冷方向变化，导致了现代中国北方的生态环境恶化，其特点表现为东北地区的冻土带再次南扩，其边界从 50°N 移至 47°N 的青藏高原，冻土带的面积从 8.4%扩大至 23.71%，干旱荒漠-草原的边界从 105°E 向东延伸至 104°E，其南部边界从 38°N 南移至 36°N，其面积占 21.7%。半干旱草原和森林草原覆盖了鄂尔多斯高原、内蒙古高原的中东部和东北平原的西南部。

## 百年尺度的气候变化

由于现代时期历时甚短(不足 100 年时间),目前尚难通过由地层保留的地质记录来揭示和分辨荒漠化变化过程。这种荒漠化过程可以借助不同时期航拍照片和卫星照片上流动沙地与固定沙地的面积比率作为荒漠化正逆过程的直接证据。如流动沙地比率高,说明以荒漠化正过程为主;固定沙地比率高,说明以荒漠化逆过程为主。同时,考虑到荒漠化过程受气候干湿变化和人类活动强度控制,气候的干湿变化和人类活动也可作为荒漠化正逆过程变化的间接证据。例如,干燥多风的冬半年和干旱年份,由于降水减少,植被稀疏,冬季风力强劲,是荒漠化正过程发展时期;在温暖多雨的夏半年和湿润年份,由于降水增多,植被增加,风力减弱,是荒漠化逆过程发生、发展时期。又如,在人类不合理的滥垦、滥牧、滥樵等经济活动时期和地区,荒漠化以正过程发展为主;在人类合理利用和保护自然资源,采用封育和植树造林措施的时期和地区,则荒漠化以逆过程为主。由于这个时期有大量航拍照片和卫星照片可以提取荒漠化动态信息,气象记录提供了 20 世纪以来气候变化的细节,众多文献也记载了不同时期人类活动的强度大小,这就使得在更短时间尺度上揭示荒漠化的正逆过程变化成为可能。

根据航空照片和卫星照片判读和典型区调查,20 世纪 50 年代以来我国北方荒漠化一直在加速扩展。其中 50～70 年代中期平均扩展速度为 1560 $km^2/a$,70 年代中期至 80 年代中期,平均扩展速度为 2100 $km^2/a$,至 90 年代初,平均扩展速度达 2460 $km^2/a$,约相当于一个中等县的面积。但与此同时,我国各级政府和广大沙区人民也投人大量人力和物力进行了大规模的防沙治沙工作,使得许多地区荒漠化正过程得以延缓、停止,甚至形成荒漠化逆过程。但是,确定上述北方半干旱和半湿润地区的荒漠化迅速扩展究竟在多大程度上取决于气候变化(自然荒漠化过程)或人类的经济活动(人为荒漠化过程)在很大程度上还是一个未知的问题。

随着小冰期的结束，我国无论是半干旱区还是半湿润区，温度变化总的呈现波动式上升趋势，但降水变化总的呈现波动式下降趋势。其中，半干旱区自 1955 年以后年均降水一直减少，直至 1960 年才略有回升，但仍低于 1955～1985 年降水的平均水平；半湿润区自 1955 年至 70 年代末，年降水也一直波动式减少，之后才开始逐渐回升，但依然低于多年降水量的平均水平。由于气温增高，降水减少，气候正经历着干旱化过程。例如，我国 100°E 以东地区 1900～1980 年的 80 年间，干燥度尽管存在波动变化，但总的呈逐渐升高之态势，其中干燥指数最高的两个时段，即 20 世纪 30～50 年代和 70 年代前后，也正是包括我国北方半干旱和半湿润地区在内的全球荒漠大规模扩展时期，此时原苏联的中亚地区，美国的中西部地区都发生了标志荒漠化正过程的强烈土壤风蚀。这个事实与我国从 20 世纪 50～90 年代荒漠化正过程不断发展，荒漠化土地面积不断扩大是吻合的。

由此可见，荒漠化正逆过程变化在现代时期约存在 20～30 年和数年尺度的周期变化。数年和数十年的气候干湿变化仍然是控制我国半干旱和半湿润地区现代荒漠化正逆过程的首要因素。但是，如果仅有气候干旱化这一因素，我国荒漠化正过程尽管仍会存在，每年扩展速度也不会有前述的那么大。因为干旱年份形成的荒漠化正过程会得到湿润年份荒漠化逆过程的抑制和均衡。所以，还必须考虑人为活动对荒漠化正过程的影响。

通过上述的事实和分析可以看到，我国半干旱和半湿润地区的荒漠化，第四纪以来一直存在。但不同时期、不同时间尺度上，荒漠化的成因是有差异的。在 1 万年前的更新世时期，万年和数万年尺度荒漠化正逆过程的出现是受地球轨道要素制约的全球气候变化控制，人类所起作用可以忽视。近 1 万年至 19 世纪的全新世，千年和百年尺度的荒漠化正逆过程的波动，人类活动虽已有愈来愈大的影响，但仍然受不同时间尺度的气候变化主宰。20 世纪以来的现代时期，数年和数十年的荒漠化正逆过程变化，既有气候干湿波动的作用，也有人类不合理经济活动的影响，但后者是主要的，而且在气候干旱化、人为破坏活动、荒漠化土地之间存在有利于荒漠化正过程扩大的反馈关系。因此，要遏止半干旱和半湿润地区的荒漠化必须同时从消除气候干旱化和人为破坏以及整治荒漠化土地这三方面入手。就目前人类自身能力而言，要预测和消除百年以上甚至数年、数十年尺度荒漠化的气候因素，还需要长期艰苦努力，但对人类活动进行有组织的调控，减少乃至消除人为荒漠化因素则是完全可以办到的。在今天半干旱和半湿润气候条件下，若将人为破坏降到最低限度，并对已有荒漠化土地积极整治，便能使该区荒漠化正过程减缓甚至停止，进而改善小气候，逐步形成有利于荒漠化逆过程发生、发展的反馈关系，以抵御和减少气候干旱化所带来的不利影响。

同样，沙尘暴发生也有人为的因素。沙尘暴的形成与人为破坏生态环境，毁灭森林植被，翻动地面土层结构，工业废弃物堆放都有密切关系。人为破坏森林植被，地表容易受到风蚀，为沙尘暴的形成提供丰富的物质来源。森林植被破坏严重，人口急剧增加，在干旱、半干旱地区，由于管理不善和生活燃料缺乏，往往滥伐乱挖，使防风固沙林、固沙植被遭到严重破坏。青海柴达木盆地自新中国成立以来，人口增加约 20 倍，其中有较多的城乡人滥挖固沙植物(如红柳、梭梭等)和乔木作生活燃料。据调查，大格勒乡 204 户人家，每年要烧掉 $10^6$kg 的红柳，按此计算全盆地每年要烧掉 $50\times10^6$kg。由于人们不断破坏天然植被，全盆地天然林由 7.1 万亩减少到 1.5 万亩(1986 年)，原有固沙植被 3000 多万亩，已毁三分之一以上，导致许多固定沙丘变为活动沙丘，同时由于沙尘暴使大量沙子流向其它地方，导致土地荒漠化。甘肃敦煌过去有天然灌木林将近 40 万亩，解放以来损失了 29 万亩，武威地段的祁连山林区，乔木林和灌木林自解放以来减少了 37 万亩。黄羊河上游河源的双龙沟长 17km 的河床，1984～1987 年近 4 万多人大规模开矿淘金，致使水源涵养植被惨遭破坏，河床两岸阶地植被毁灭性破坏面积

达 $73\times10^4m^2$。这些都为沙尘暴容易在河西走廊形成、发展提供了必要的物质条件。西北地区开垦草原破坏植被历史上有过汉、唐、清三个开垦时期,新中国成立后,又进行过三次开荒,使大面积的草原变为沙化土地。内蒙古伊克昭盟在1915~1928年的13年中开垦牧场达11.56万亩,至1949年旱作耕地已达62.67万亩,加上耕种后又荒废了的土地,开垦面积至少在133.33万亩以上,其中乌兰布和荒漠和古居延遗迹一带荒漠的形成与汉代开垦有很大关系。50年代末的"大跃进"时代,青海大量盲目开荒,全省共计开垦约1000万亩,这些土地大部分是冬春草场,后由于绝大部分开垦的土地不宜农作物而被弃耕,开垦后的土地,地表裸露,加剧了土地荒漠化的发展,其中仅共和塔拉当年开垦的10.67万亩土地现已全部变成了流沙地。工业废弃物的堆放,冶金工业选矿所形成的尾矿砂中的细沙和极细沙占90%以上,如果堆放后不妥善处理,不仅吹风时扬沙,而且可能成为沙尘暴的直接沙源。如金昌市金川有色金属公司多年来选矿形成的 $9km^2$ 尾矿沙,成为1993年5月5日特大沙尘暴主要沙源地之一,被卷入空中的黑灰达 $16.6m^3$。内含铜、镍、钴等金属元素,在一些地方造成了高浓度的矿尘污染,对人体、牲畜和植物等产生危害。

## 气候变化对荒漠化的作用机制

荒漠化不仅受到人类活动的强烈影响,而且也受到全球气候变化的影响。我国的荒漠化地区由于青藏高原的隆起而向北偏移,分布在中纬度干旱、半干旱和亚湿润干旱地区,荒漠、戈壁、荒漠化土地横贯我国西北、华北和东北西部,这里是受全球气候变化影响最大的地区。叶笃正指出:"受气候变化影响最大的莫过于气候脆弱地区将经不起变化(当然对有些地区也可能有好的影响)。最使我担心的地区是我国严重缺水的华北和西北。这两个地区正处于中纬度。从历史时期的荒漠演变来看,在气候和人类活动双重作用下,荒漠也存在扩展和缩小、退化和恢复的过程,在一段时间内气候因素起着重要作用。”荒漠的出现并不仅仅只是气候变化的结果，荒漠一旦出现了，可以通过对凝结核、辐射平衡、地表反射率等的影响反过来影响气候，而使气候进一步变干。

**干旱**：干旱是荒漠化的最主要的自然因子。由于干旱，地表自然生态环境系统便失去水分的协调功能，使生物链（植物链）中断，地表植被覆盖度降低，而导致生态环境脆弱，结果是荒漠化极易发生并导致人类生存环境的丧失。干旱的直接表现是降水稀少而蒸发强烈。我国干旱的成因是由于大陆的地理位置、大气环境、与海洋较远距离和地貌格局所造成。但干旱程度在各地仍存在有着地区差异，降雨东部较多，西部稀少，干燥度从东向西加强。西北地区降雨量小于 400 mm，干燥度大于 1.5，其中贺兰山以东地区，年降水量 400～200 mm 之间，干燥度 1.5～4 之间，属草原和荒漠草原地带；贺兰山以西地区，年降水量 200 mm 以下，干燥度大于 4，属荒漠气候。由于降水稀少、蒸发强烈，故地表干燥、植被稀少，生态环境极为脆弱。

另外，盐渍荒漠化（土壤次生盐渍化）的形成与气候干旱也密切相关，高强度、大量的蒸发是造成盐渍荒漠化（土壤次生盐渍化）的主要原因之一。

1984～1985 年，估计在非洲 21 个国家中的 3000～3500 万人民受到严重的旱灾影响，大约有 1000 万人口迁移，3000 多万人受到饥饿威胁，死亡、疾病、营养不良困扰着他们。这次大规模的旱灾加速了荒漠化在非洲的扩展，引起全球关注和震惊。据联合国环境规划署的统计资料，全球干旱区总面积的 70%为荒漠化土地。在全球气候变化的作用下，我国干旱区面积在今后 50 年内呈增加趋势。仅以自然营力单项因子估计，我国荒漠化将呈扩展趋势。有人对近 40 年来我国干旱、半干旱和亚湿润干旱地区温度和降水的变化研究表明：我国荒漠化地区温度从 20 世纪 70 年代至今呈上升趋势，降水量从 50 年代到 60 年代末减少，从 70 年代开始缓慢上升。其中干旱区平均温度增加不明显，冬季温度明显上升，夏季温度下降,降水量从70年代以来明显增加;半干旱区在70年代以来增温明显,尤其冬季降水比50年代和60年代明显减少。

**大风**:空气流动过程中常与地面发生摩擦,挟裹地表面的尘沙,形成扬沙和浮尘等现象,造成恶劣的大气环境。当风速超过一定值后,在缺乏植被保护的疏松和沙质地表,就会产生风蚀,在风沙物理学中,把这一风速的临界值叫做起沙风速。起沙风速的大小因沙粒粒径的大小和沙层表面的湿度状况不同而不同,一般而言,沙粒的粒径愈大,所需起沙风速愈大。在沙粒粒径相同时,潮湿沙表的起沙风速值要大于干燥沙表的起沙风速值。在流动沙丘上,对于粒径0.1～0.25 mm的干燥沙,起沙风速大约是4～5m/s(指距地表2m处的风速)。表4.1和表4.2分别表示粒径与起沙风速的关系,以及风速与侵蚀量的关系(新疆莎车)。风洞试验及大量野外观测证明,风蚀量与风速超过起沙风速部分的三次方成正比。

**表4.1 沙粒粒径与起沙风速值关系表**(引自申元村等,2001)

| 沙粒粒径(mm) | 0.1～0.25 | 0.25～0.5 | 0.5～1.0 | 1.0 |
|---|---|---|---|---|
| 起沙风速(m/s) | 4.0 | 5.6 | 6.7 | 7.1 |

**表4.2 风速与侵蚀量**(引自申元村等,2001)

| 距地表2m处风速(m/s) | 5 | 6 | 7 | 8 | 9 | 10 |
|---|---|---|---|---|---|---|
| 输沙率(g/min) | 0.78 | 1.39 | 2.83 | 4.05 | 6.19 | 9.42 |

在我国风蚀荒漠化为主的地区,风是荒漠化主要自然营力,尤其对地表形态塑造起着主要作用。在我国北方风沙区,由于主要受来自蒙古—西伯利亚高压及南下气流的控制,冬季风速达到5～6级以上是常见的,我国西北干旱区,风沙日数一般在20～100天左右,其中新疆塔克拉玛干荒漠南缘风沙日数占到全年的1/3,且末最多可达145天,河西走廊的民勤1959年风沙日数达到148天。东部地区同样遭受风沙危害,如乌兰察布和草原北部的朱日和年平均风速可达5.7m/s,春季平均风速一般在4～6m/s,超过临界起沙风(≥5m/s)的风速每年出现日数在200～310天。在时间上,

西北地区的大风以冬春季节为主，而这一季节正是一年中植被覆盖最少和降水稀少的季节，大风与干旱的迭加极易产生风蚀，如果再加上冬季气温偏高或春季气温回升快，极易造成荒漠化蔓延。进入 20 世纪 90 年代以来，春天发生的浮尘、扬沙、沙尘暴、强沙尘暴，与荒漠化的发生发展有一定的联系。

**暴雨**：由于干旱区大多分布在黄土高原，而黄土的储水能力较小，土壤结构疏松，较强的降水往往会造成水土流失，而这种干旱区降水造成的水土流失，是荒漠化的重要表现形式。如我国的黄土高原及众多山地，降雨造成水土流失十分普遍，是水蚀荒漠化的主要外营力，降水因素包括降雨强度、雨型及降水量等因素。一般来说，年降水量越大，侵蚀/水土流失就越严重。但是，年降雨量多的地区，自然植被常常比较好。例如，在年降雨量 900 mm 以上的湿润地区，一般可以形成茂密的森林植被，这种植被形成了保持水土资源的覆盖层，水土流失反而不严重。而在年降雨量少的干旱、半干旱地区高平原及山地的基部，干旱造成缺水，水蚀程度较轻，而在山地中部，降水量增加，在植被保护差的山地，径流冲刷一直可以到山麓，造成水土流失，即水蚀荒漠景观的形成。暴雨由于降水强度大、时间集中，土壤的渗透较小，大量的降水形成的地表面冲刷力强的径流，毁坏稀疏植被，往往造成大量的水土流失，形成水蚀荒漠化。

## 荒漠化形成的地形地貌因素

影响水土流失、土壤侵蚀（水蚀荒漠化）的地形地貌因素主要是地面坡度、坡长、坡形、坡向和地面破碎程度等。其中决定因素是地面坡度。坡度愈大、水流流速愈快，冲刷力愈大，土壤侵蚀愈加剧烈。坡长与侵蚀亦有密切关系，在裸露条件下，坡长愈长，径流流经的路径愈长，冲刷力愈大，超过 10m 可以形成细纹侵蚀，超过 15m 可以形成细沟侵蚀，超过 30m 可以形成冲沟。但在有植被覆盖或梯坎时，将会截断水流势能，减缓侵蚀。研究还表明，侵蚀强度与侵蚀面积大小有密切关系。土壤侵蚀面越大，地面遭受侵蚀的机会就越多。而土壤侵蚀面积的大小和沟壑密度密切相关。土壤侵蚀面随着沟壑密度的增大而增大，侵蚀强度也随着加剧。甘肃定西安家沟沟壑密度为 4.47km/km$^2$，陕西榆林青云沟沟壑密度为 5.71km/km$^2$，山西离石王家沟沟壑密度为 6.81km/km$^2$，兴县蔡家崖西沟沟壑密度 7.5km/km$^2$，山西河曲县道黄沟沟壑密度高达 10.9km/km$^2$，均是土壤侵蚀最严重地区。据估算，黄土高原沟壑密度每增加 1km，每年侵蚀量将增加 2000～3000t/km$^2$。延安市小砭沟，全流域面积 3.9km$^2$，沟壑密度 3.84km/km$^2$，25°以上的坡地面积占总面积的 68.5%，每年土壤流失量高达 $10^4$t/km$^2$；绥德韭园沟的沟壑密度为 5.34km/km$^2$，25°以上的坡地占流域总面积的 70%，每年土壤流失量高达 2×$10^4$t/km$^2$。

新疆的第四纪沉积物比较发育，一般主要沉积于新生代－中生代的巨大盆地和蒙古高原上。第四纪沉积物的厚度为 200～600m，最厚达 1000 m 左右。早更新世，在盆地边缘沉积了冰碛物、洪积物，在盆地中部有冲积物和风积物堆积。中更新世，冲积钩、湖积物发育，在其上堆积了风沙和黄土，荒漠分布的地理格局已基本形成。晚更新世荒漠范围不断扩大，在荒漠形成和扩张的同时，细微的风尘顺着荒漠的下风方向堆积下来，形成了厚层的马兰期黄土，在黄河中游地区构成了著名的黄土高原。全新世气候转暖，在黄土和沙层剖面中出现了多层古土壤，在沙层中还有泥炭层。荒漠面积在不断地扩张和收缩，但总趋势是在逐渐缩小，大部分流动沙丘被固定。在部分地区堆积了黄土状土。

我国现代荒漠化最严重的地区多发生在荒漠的边缘地带，或是被现代植被、土被覆盖的沙地。荒漠化也发生在黄土高原侵蚀最严重的地区。前者为沙质荒漠，后者为水蚀荒漠。在沙质荒漠边缘往往发生盐碱荒漠。中国现代干旱半干旱区地质环境的基本格局具有明显的继承性，在早白垩纪晚期和第三纪早期（1.3×$10^8$～

$0.25\times10^8$a. B. P.)已基本形成。

青藏高原的隆升也起到了一定的作用。上新世中晚期(12～2Ma B. P.)青藏高原平均海拔仅1000m左右,冬季在30°N附近(西藏拉萨)有一个弱高压。上新世末以来以青藏高原为中心的广大地区剧烈上升。中更新世(1Ma B. P.)青藏高原平均海拔约3000m,使冬季的弱高压加强,其中心移到40°N,位于塔里木盆地南缘的若羌附近,使西北地区的干旱加剧,塔克拉玛干荒漠的面积显著扩大。在晚更新世和全新世中期,青藏高原及周围地区整体隆升,高原面平均海拔4000m左右,中国的季风环流系统随之形成,原来的冬季高气压中心再次得到加强,并移到55°N,接近于现代的西伯利亚-蒙古高气压位置。从冬季高气压中心向四周劲吹的干冷的大陆季风,受到青藏高原的顶托,在97°E附近分别形成西北风和东北风。前者吹向东南,影响中国东部气候。后者吹向西南,直到塔克拉玛干荒漠。到近代,青藏高原隆升到海拔5000m,使蒙古高压进一步加强。使西北、华北地区的气候更为干旱少雨,在80°E～125°E形成一条干旱-半干旱-半湿润的气候带。

## 荒漠化形成的土壤结构因素

土壤性质,包括土壤质地、孔隙度、松紧度、抗蚀能力、土壤结构等对荒漠化有一定的影响。土壤性质对水蚀荒漠化的影响,主要表现在土壤的透水性、抗蚀性和抗冲性等方面。

土壤透水性直接影响地表径流量的大小。地表径流是水土流失的主要动力及泥沙运输媒介。径流量大则冲刷力和搬运力大。径流量小则侵蚀能力小。径流量的大小取决于土壤渗透能力的大小。透水性强的土壤,地表径流量小;相反质地粘重,透水性弱的土壤,地表径流量就大。

土壤抗蚀性是指土壤抵抗径流和雨滴对土壤的分散和悬浮的能力,其大小主要决定于土壤和水的亲和能力。亲和能力越大的土壤越易被分散和悬浮,团粒结构越易受到破坏而解体,同时引起土壤透水性变小和土壤表层的泥泞,在这种情况下,即便是径流流速很小,机械破坏力不大,也会因悬浮作用而加重侵蚀。

土壤抗冲性是指土壤抵抗径流对土壤的机械破坏和推移的能力,其大小主要取决于土粒间的胶结力、结构体抵抗离散的能力、土壤的坚实度和植物根系的固结能力。

土壤的机械组成与土壤的透水性、抗蚀性和抗冲性都有很密切的关系。沙性土壤颗粒较粗,土粒间胶结能力差,但其土壤孔隙大,透水性强,不易产生大量地表径流,从而水力侵蚀较弱。粘重土壤渗透性差,但土粒间的胶结能力较强,抗冲性较强。我国黄土高原的黄土可划分为砂黄土、黄土和粘黄土三类。这三类黄土不仅粒级组成有明显差异,而且其微结构中骨架颗粒的大小和胶结形式也不一样。上述三类黄土在地域上有相应的分布规律。北部为砂黄土,中部为黄土,南部为粘黄土,对渗透性、抗蚀性和抗冲性都有很大的影响。北部砂黄土的侵蚀量比南部粘黄土侵蚀量大,这就是虽然南部降雨量大于北部,但其侵蚀量却比北部小的原因。

土壤结构是指土壤颗粒的空间排列方式,通常表现为颗粒结合稳定程度、土壤孔隙和通连状况等特征。土壤结构越好,透水性和持水性越大,水土流失越轻。西北黄土高原的调查研究证明,土壤团粒结构的增加可促进土壤的透水能力,黑垆土的团粒含量在40%左右时的渗透率比松散无结构耕作层要高出2～4倍。生长林木的黄土含团粒在60%以上时,其渗透率能力比一般耕作地高出10多倍。土壤孔隙度对水蚀也有极大影响,孔隙度大渗透能力强,地表产流的机会就小,侵蚀发生的概率就小;相反,孔隙度小则渗透性差,产流的机会就大,容易造成侵蚀。

对于沙质荒漠化(风蚀荒漠化),地表丰富的沙物质和盛吹起沙风,是产生风蚀和形成沙质荒漠化的基本条件。沙物质的来源与古地理环境有着密切关系。在干燥气候区,能提供丰富沙物质来源的主要有两种类型:一是巨大内陆盆地,如我国的塔里木盆地、准噶尔盆地和柴达木盆地；二是干燥剥蚀高原。盆地中堆积了大量的冲积物或河湖相沉积物，这些沙物质在干燥气候条件下，极易遭受风蚀，为风成荒漠化（历史上荒漠的形成）提供了丰富的沙源。如塔里木盆地的塔克拉玛干荒漠就是这样形成的。我国北方的地貌形态以高原为主，物质构成较粗，在干旱半干旱风力的作用下，这些含沙量丰富的地表土壤便为沙质荒漠化的形成和发展提供了物质基础。

荒漠是在干旱多风的气候条件下形成的沙质松散堆积物。我国荒漠化土地面积已达 $36\times10^4km^2$，荒漠和沙地主要分布于 35°～50°N、75°～125°E。东部沙区在冬季流行干冷季风，夏季流行湿润的夏季风，降水量为 200～400～450 mm，属半干旱半湿润带，为稀树草原，多为固定和半固定沙丘，流动沙丘较少。西部荒漠区受蒙古高压反气旋干冷风系的控制，四周高山环绕，属于干旱—极干旱气候，降水量＜100 mm，为荒漠景观。在冰期—间冰期气候旋回的控制下，北方地区的荒漠化进行了多次正逆过程的演化。

黄土是在半干旱气候条件下形成的风尘堆积物，主要分布于黄河中游地区，形成黄土高原。在荒漠的边缘和山地亦有黄土分布，黄土分布的最高界线约为 5000 m。黄土与荒漠在地理分布上往往呈现伴生现象，即在荒漠的下风方向几乎都有黄土的分布，而且在黄土与荒漠之间有一条比较明显的交界带。荒漠和黄土分布区生态环境极端脆弱，是中国荒漠化形成和发展的基础。

## 荒漠化形成的人类活动因素

荒漠化是在自然因素脆弱不稳定的基础上人为不合理的生产活动触发和加速的结果。与荒漠化密切有关的自然因素主要有：疏松的地表组成物质，即地面 0～50cm 深度内物理沙粒含量在 57％以上；干旱多风的气候。前者是荒漠化发生的物质基础，后者则是其发生的首要条件。这种沙质地表只有在一定的气候条件下，人为过度的土地利用才能诱发荒漠化的发生，其中风是造成荒漠化土地自然蔓延的主要动力。同时,年降水量的不足和不稳定,也是加速荒漠化过程的一个潜在自然因素。根据荒漠化地区的气候资料的分析,除部分半湿润地带外,荒漠化主要发生地区的年降水量在200～500mm,年干燥度一般均在1.5以上,年降水量的季节分布差异也很大。夏天降水常占全年总量的70%以上,而冬春两季仅在15%以下。因而在与其它因素(风、温度)的配置上形成"雨热同期,旱风同期"的现象。

在这些自然因素的基础上,任何人为强度的经济活动都会导致荒漠化的发生与发展。人为过度的经济活动主要是所谓的"三滥"即滥垦、滥牧、滥伐,也包括不合理地利用水资源和破坏水利设施等因素。人口不断增加所造成的人口压力,也是一个重要的因素。

以盐池为例,从1949～1976年,人口增长三倍多,随着人口的增长,开荒、樵柴等活动也相应频繁,加剧了植被的破坏,导致了荒漠化的发展。呼伦贝尔草原的新巴尔虎左旗,荒漠化土地面积,1959年占土地面积9.2%,1984年上升到12%,吉林西部的通榆县,1958年荒漠化土地占5.1%,1980年扩大到19.4%。科尔沁草原荒漠化的发展更为明显,以奈曼旗为例,50年代末期荒漠化土地占39.9%,到70年代中期发展到65.6%。特别是东起科尔沁草原南部经承德地区以北的围场、丰宁两县北部,张家口以北的坝上高原,内蒙古察哈尔草原,后山至固阳北部的草原旱作农垦区,是近半个世纪以来荒漠化蔓延最显著的危险地区;在这一地区内,农田受到荒漠化危害的面积从50年代末期的13.1%扩大到70年代末的27.7%。如首都北京以北的坝上地区荒漠化不仅发展迅速,而且坝上地区近30年来凡是有砂质地表条件的地区,在植被继续破坏的情况下,荒漠化也开始蔓延。

现代荒漠化发生发展的主要原因是人类活动过度利用自然资源,生态平衡被破坏,从而导致了土地退化。干旱区自然条件比较严酷,生态环境脆弱,如果人类活动的干扰在自然生态平衡的限度之内，环境就不会退化，即使发生退化也有自我恢复能力，保持系统的持续发展。一旦人类活动的干扰超出自然环境的缓冲和平衡限度，环境就会严重退化，发生荒漠化过程。人类活动对荒漠化作用的实质主要表现为以下两个方面：一是人类对自然资源的过度索取。随着人类社会的发展，人口的快速增长，生活水平的提高，对自然界的利用广度和深度愈来愈高，也就是对自然生态系统的物质和能量索取愈来愈多，而投入远远低于索取。破坏了自然生态系统的平衡过程和再生能力，物质循环被破坏，生产力降低，土地退化；二是人类活动对土地荒漠化的刺激和诱发作用。干旱区的自然环境本身比较脆弱，在没有人类干扰情况下，有自我恢复的能力，一旦人类利用，就形成退化的突破口，引发土地退化。荒漠化发展的人为驱动力包括人口增长的压力、牲畜增长的压力、土地利用结构变化等因素。

表 4.3 所示为中国北方荒漠化土地的成因类型。

**表 4.3　中国北方荒漠化土地成因类型(朱震达)**

| 荒漠化土地成因类型 | 面积($10^4km^2$) | 占荒漠化土地总面积(%) |
|---|---|---|
| 以草原过度农垦为主 | 4.47 | 25.4 |
| 以草原过度放牧为主 | 4.99 | 28.3 |
| 以过度樵采为主 | 5.60 | 31.8 |
| 以水资源利用不当为主 | 1.47 | 8.3 |
| 以工矿、交通和城市建设破坏植被为主 | 0.13 | 0.7 |
| 以风力作用下沙丘前移为主 | 0.94 | 5.5 |

以毛乌素沙区为例说明人口增长对荒漠化的驱动作用。毛乌素沙区位于鄂尔多斯高原向陕北高原过渡地带，属于我国荒漠化比较严重的地区之一，荒漠化土地面积达 $2.5\times10^4km^2$，占总土地面积的 65.9%，荒漠化不仅造成当地十分恶劣的生态环境，而且严重制约了工农业生产的持续发展。解放以前，本区人口密度相对较低，解放以后人口迅速增长，50 年代毛乌素沙区平均增长率最高达 5.43%，20 世纪 60 年代和 70 年代将近 3%。人口密度在毛乌素沙

区的陕北地区和伊盟地区相差很大，伊盟人口密度低于 10 人/$km^2$，而陕北地区和盐池县高于 20 人/$km^2$。按照联合国标准，干旱区人口密度的临界值是 7 人/$km^2$，半干旱地区人口密度为 20 人/$km^2$，伊盟地区接近这个标准，而陕北各县是这个标准的 2～3 倍。70 年代以后，由于实行计划生育政策等，人口出生率有所下降，增长减慢。特别是沙区中西部，鄂托克旗和乌审旗人口增长率下降明显。

人口的猛增，会引发一系列的问题。首先是对粮食需求的增加，对粮食需求的增加会刺激人们大量垦荒。干旱地区大量垦荒会带来严重的后果。干旱区自然条件恶劣，土壤含沙量大，开垦后一般是旱作农业，在强劲的风力下，风蚀严重，土地很快发生退化。

研究认为，草原地区每开垦一亩耕地，可使三亩土地沙化。据内蒙古伊克昭盟 20 世纪 80 年代初期调查，土壤风蚀深度每年可达 5～7cm，若平均以 6cm 计，土壤容重 1.38g/$cm^3$，有机质按 1%，全氮含量按 0.05%，全磷按 0.07%，小于 0.01mm 的物理粘粒按 5%估算，则公顷耕地每年将损失有机质 7769.3kg，相当于 38835 kg 优质厩肥；氮素损失 387kg，相当于尿素 840kg；磷素损失 549kg，相当于过磷酸钙 2745 kg；物理性粘粒损失 39024kg，相当于 122925kg 粘土。如果要使严重荒漠化土地中的有机质、氯、磷营养元素恢复到原生土壤肥力水平，据研究，即使在采取人工措施的条件下，少者需要几十年至上百年，最多达几百年以至上千年。风蚀不仅刮走农田表土相肥料，而且吹跑种籽或拔起幼苗，吹露根系迫使农作物多次重种与改种。在毛乌索沙区草场开垦为旱地后，3～5 年就被放弃，而沦为流沙，直接演变为严重荒漠化土地，速度快，后果严重。

解放以来，随着社会的发展，我国广大干旱、半干旱地区人口数量激增，出生率一直保持在 1%以上。乌审旗 1949 年有人口 28668 人，到 1990 年达到 90197 人，是解放初期的 3.41 倍。人口增加必然导致粮食需求的增加。粮食单产在 20 世纪 80 年代之前并没有随着人口按比例增加，这样为了生存，满足粮食需求，就要开垦大量土地，即扩大耕地数量来增加粮食产量，满足需求。清朝末期伊克昭盟耕地达 94.8×$10^4$hm$^2$。民国时期移民屯垦还在继续，1930 年伊盟共开垦土地 25.3×$10^4$hm$^2$。毛乌索沙区解放以来共有三次较大的开荒时期，即 1955～1956 年、1958～1963 年、1970～1973 年。仅乌审旗三次大垦荒累计开荒 4.3×$10^4$hm$^2$，占全县草场面积的 6.2%。这几次开荒都与当时人口高速增长有一定的关系。从鄂托克旗、乌审旗历年人口增长率和垦殖指数之间的关系（慈龙骏、刘玉平等，2000），明显看出有相关关系。解放以来三次大的土地开垦时期与人口增长高峰期比较吻合。特别是毛乌索沙区伊盟地区较显著。

毛乌索沙区人们的生活燃料主要来源于天然植被，烧煤和其它燃料只占很少一部分，乌审旗农牧民生活燃料组成中，沙蒿约占 24.8%。沙柳等树枝约占 25.3%，畜粪约占 24.8%，煤炭约占 5.2%，其它占 19.9%。根据在毛乌素地区实地调查，一个五口人之家，每年需烧柴 7.5 t，而一亩生长沙蒿的天然草场只有干柴 150kg，这样就需 50 亩草场才能满足这户人家的烧柴需要。在这种情况下，人口的增长必然导致对燃料需求的增加，加速对草场植被的坡坏。

据上述资料，人口因素对荒漠化的驱动作用主要表现在人口增加，对粮食需求的增加，在生产水平较低的情况下，引发大规模开荒，提高垦殖指数，将不宜农的土地变成耕地，进行风险性旱作农业，造成土地退化。

毛乌素沙区典型乡 50～70 年代土地荒漠化发展较快，荒漠化程度平均翻了一番，最高有 4 倍多。同一时期这些典型乡人口平均以 1%～2%的速度增长，以刚解放的 10 年增长率最高，平均最高达 4.35%，个别年份在 10%以上。人口密度有明显的区域分布规律，毛乌素沙区内部乌审旗几个乡，人口密度比较低，在 4%以下，而沙区东南边缘榆林、靖边和神木县的人口密度较高，大部分地区远远超过了联合国规定的标准，人口压力非常大。相关分析说明，人口密度越大，荒漠化程度越高，荒漠化发展的越快。由此可以看出,毛乌素沙区解放以来人口迅速增长,70年代中期以前,人口平均以大于3%的增长率增长,陕北各县比伊盟各旗要高。人口密度在毛乌素沙区陕北地区和伊盟地区相差较大,伊盟人口密度低于10人/$km^2$,而陕北地区和盐池县高于20人/$km^2$。由于生产方式落后,投入低,粮食单产增长速度远远低于人口增长速率,为了满足对粮食的需求,必然对草地进行大量开垦。

解放以来三次大的开垦时期与人口增长高峰期在时间上完全吻合。特别是沙区伊盟各旗人口增长率与垦殖指数变化趋势一致,相关程度较高。另一方面人口增长,对燃料需求增加,当地生活燃料主要依靠砍烧天然植被,导致天然植被破坏的加剧。通过对典型地区人口增长和荒漠化监测资料的定量分析,人口密度和荒漠化程度呈指数的相关关系。所以,人口的过快增长,对土地荒漠化发展有直接的驱动作用。要从根本上控制当地荒漠比的发展,必须控制人口增长、减轻对土地的压力、退耕还牧和保护天然草地资源。

当前,土地荒漠化正困扰着全人类的生存和发展,并被列为影响全球环境的十大问题之首。在不计极端干旱区的情况下目前全球有$3.6\times10^9hm^2$干旱区土地直接受到荒漠化的危害,约占全球干旱土地的70%,接近全球陆地面积的1/4(宁大同等,1996)。据联合国环境规划署估算,目前全球荒漠化每年仍以$5.0\times10^4$~$7.0\times10^4hm^2$的速度不断扩展(周欢水等,1998),由此造成的直接经济损失达$4.23\times10^{10}$美元,其间接经济损失是直接经济损失的2~3倍,甚至10倍。

中国是世界上荒漠化危害范围最广、程度最深的地区之一,据国家环保总局组织完成的“中国土地退化(荒漠化)防治国家行动方案预研究”报告的结果,全国已经荒漠化的土地面积达$37\times10^5km^2$,占国土面积的7%。已经荒漠化的土地和易受荒漠化影响的土地合计约达$2.25\times10^6km^2$,高达国土面积约23.4%(国家环境保护局自然保护司,1999)。土地荒漠化造成的干旱、半干旱区的草地和土地退化现象十分严重,其退化面积分别为$8.42\times10^7hm^2$

和 2.84×$10^6hm^2$，分别占这一地区草地和耕地面积的 59.5%和 46.9%，其中宁夏、陕西和山西的草地几乎全部退化(90%～97%)(CCICCD，1997)。据估算，20 世纪 90 年代初期由于荒漠化造成的经济损失达 541 亿元(张玉等，1996)；到 90 年代末土地荒漠化的经济损失高达 642.5 亿元，占我国国民生产总值的 0.8%。

人类活动已成为当代影响全球变化和荒漠化的一个重要因素，有 85%荒漠化是由人为因素引起的。中国北方自第四纪以来经历了多次荒漠化的正逆演化过程。

在新石器时代以前，促使其演化的驱动力是自然因素，在此以后人类活动逐渐产生影响，但是能促使荒漠化发展的人类活动始于秦、汉，加强于唐、宋，扩大于清末，强化于 20 世纪。

中国是世界上人口增长最快的国家之一，在 1950～1995 年的 45 年间，人口净增了 6.48×$10^8$，年增长率为 2.22%。人口快速增长导致过牧，促使资源紧缺、环境破坏和土地荒漠化。对新疆、内蒙古、甘肃、宁夏、吉林、黑龙江等省荒漠化原因的调查结果表明，垦殖、采樵、过牧、河流枯竭等人为因素是导致荒漠化的重要因素。

政策因素对荒漠化的发展往往起到了十分重要的作用，政策因素实际上是强化了的人为因素。古代的开拓边疆，屯垦戍边。现代的某些政策的误导等等都是荒漠化发展的社会驱动力，20 世纪 70～80 年代，中国荒漠化的发展几乎达到了高峰。

根据上述的事实和分析，我们可以将荒漠化的发生和形成大致概括为，荒漠化是人类活动与自然因素共同作用的结果，即恶劣的自然条件与人类不合理的开发利用土地方式，掠夺式的经营共同导致荒漠化进程的发生和发展。

在荒漠化进程中，人类活动与自然因素都起着重要的作用，在大多数的荒漠化进程中二者都是共同起作用的，只是在诱发和推动荒漠化进程中作用大小上存在差异。可以说，气象条件决定了荒漠化的必然性和广泛性，同时也诱发、推动了一些类型的荒漠化；人类活动决定了土地退化的程度和可逆性，同样，诱发、加速和延缓、推动一些类型的荒漠化;下垫面状况决定了荒漠化类型、形式多样和特有的区域性特点。

基于荒漠化的定义,考虑到荒漠化的各种表现形式及其成因和动力,可以将荒漠化分成如下三类。

## 自然因素起主导作用的荒漠化

自然因素起主导作用的荒漠化称为自然荒漠化。我国地域辽阔,生态类型复杂多样,西部地区恶劣的气候环境条件和丰富的沙源,即使在完全没有人类活动破坏的情况下,也具备了自然荒漠化的条件。人类要抑制这种荒漠化的过程,必须付出极高代价和长期不懈的努力。如内蒙古西部的巴丹吉林、乌兰布和、库布齐、腾格里、毛乌素五大荒漠,其上植被稀疏甚至全无植被,沙质疏松且气候干旱少雨、多西北向的大风,形成了荒漠向东南方向推进的自然变化态势。气候条件恶化造成的荒漠化扩展也属此类,该区域的气候条件恶劣,荒漠化进程只靠停止人类活动的自然恢复是不可能得到阻止的,生态系统的平衡也不可能得到恢复,人类必须向其中注入巨量的能源与物质,或许可以延缓、减缓、抑制这种进程和发展速度。就目前的生产力水平和科学技术水平要消除荒漠化进程是极端困难的事情。

人类改造自然的能力还未强大到能与自然进程相抗衡的地步。在这样的气候条件下,荒漠、戈壁是它稳定地貌类型的顶极状况。另外,有些地段的沙化可能是一件好事。例如,山前的岩石过多的洪积平原,覆沙后生态环境反而有所改善,有利于植物的生长。

## 人为因素起主导作用的荒漠化

人为因素起主导作用的荒漠化称为人为荒漠化。人为因素诱发的荒漠化进程大多数情况是可以逆转的和可自然恢复的。当然,恢复一定是在荒漠化的进程的广度和深度都相对较小的时候才能实现,一旦荒漠化的面积和程度足以改变了区域的气候条件,气候条件发生恶化，土壤特性也恶化到一定程度，在短期内无法恢复时，那时恐怕荒漠化的进程便成为不可逆的了。

### 人为因素与自然因素共同作用的荒漠化

该类荒漠化的成因是人为因素和自然因素共同的作用，二者相互促进。在这类荒漠化中我们还可以将它分成两种情况进行讨论：

①人类不合理的生产、生活实践引发了荒漠化的进程。随后，由于气象因素作用的加入，使之不断扩大发展。草原放牧引起的荒漠化就是一个例子。起初是由于牲畜的强度采食，使优良牧草迅速减少，有害植物得以发展，进而整个群落的生态功能和结构受到损坏，牲畜践踏对地表的破坏，使地表细粒物质、有机质被风和地表径流带走，造成土壤粗骨化、沙化和土壤肥力的丧失。又如，干旱、半干旱地区的灌溉，如果没有良好的淋盐排水系统，则会由于强烈的蒸发，造成土壤盐渍化；

②自然因素引发荒漠化进程后，人类活动进一步加速了荒漠化进程。当植被遭受严重的自然灾害打击后，会造成局部或大面积植被的毁灭，如果人类不立即采取补救措施，反而不适当地加以开发、利用，便可能引起荒漠化的后果。例如，在森林的火烧迹地上开垦农田，过度放牧。荒漠化的不同表现形式以及不同表现形式的不同程度状况下，起主导作用的因素是可能有差异的。上述对荒漠化的分类并不意味着荒漠化进程的自然和人为诱因与动力可以截然分开，二者往往是交叉在一起而发生作用的。

## 荒漠化与气候环境

气象因素是诱发荒漠化最重要的因素和动力之一。即恶劣的气候条件（如大风、干旱）可以导致荒漠化的发生。反过来，当荒漠化土地达到一定的面积和程度时也会对该区域气候条件产生一定的影响，促使气象条件进一步恶化。许多生态学和气候学的研究工作表明:气象条件与下垫面(尤其是植被)状况之间存在着一定的相互作用。

生态学家 Humboldt(1948)指出,砍伐森林必然导致气候的干燥化和土地退化; Voyeikov(1948)也谈到砍伐森林与气候恶化,土壤退化之间有着相互联系。当然,植被可以改善小气候条件。美国大平原 1934 年 5 月和 1977 年的两次黑风暴,每一次都剥去了 1m 左右厚的表层土壤(Mcerley,1981)。

我国西北地区越来越频繁的沙尘暴天气,都是人类活动产生不良气象后果的旁证,也是自然界对人类的无知、自大和肆无忌惮的残酷报复。有研究表明:风运移物质的量,在某些区域大于水的运移量(Wilshire,1980)。研究表明,内蒙古的五大荒漠、五大沙地,以及黄土高原都是地质历史上风和水运移物质共同作用形成的,风起了决定性的作用的。风的作用使荒漠逐渐的扩展,威胁着人类的生存和发展。以内蒙古为例,不管是从地质历史上来看,还是从近 500 年内蒙古的气候演变上来分析,虽然有干湿时期的交替出现,但内蒙古总的气候变化趋势是干旱化。

近几十年来,气温有较明显上升,平均每年升高 0.017℃,降水量也有减少的迹象;河流、湖泊萎缩、干枯,沼泽疏干,地下水位下降,其中有人为因素的作用,但也不能看成是气候旱化的信号。工业革命以来的全球变暖进一步加剧了干旱化的发展,这必将导致荒漠化的发展,不利于荒漠化的抑制和逆转。

以内蒙古为例,研究表明:温室气体增加引起的气候变暖,以及其它一些气象条件的变化,对内蒙古的植被、荒漠化进程和人类活动将产生深刻影响。气候变暖对内蒙古草原的影响是导致暖温性草原带向北迁移,面积扩大,造成草甸草原的消失和森林在大兴安岭西麓的锐减;荒漠草原面积变化不大,但是东西边界发生了一定的位移。

土地荒漠化问题主要发生在受人类活动影响的干旱、半干旱及半湿润地区。按照综合成因论,荒漠化是气候变化和人类活动共同作用的结果，二者很难区分。历史时期由于气候波动使得荒漠化土地处于蔓延与稳定相互交替的反复过程之中，气候干旱造成趋向类似荒漠环境的环境演变；近代由于人类对大自然界的冲击使本已向荒漠环境演变的环境变化过程加剧(宁大同等，1995)。我国荒漠化地区由于青藏高原的隆起而向北推移，分布在中纬度干旱、半干旱和半湿润地区。荒漠化土地横贯我国西北、华北和东北西部，这里也是受全球气候变化影响最大的地区(慈龙骏，1998)。

对我国近 40 年来干旱、半干旱及半湿润地区在全球气候变化影响下温度和干湿情况的变化研究表明：若 $CO_2$ 倍增、温度上升 1.5℃，我国干旱区、半干旱及半湿润地区面积扩大 $1.88\times10^5km^2$，湿润区缩小 $1.57\times10^5km^2$；若 $CO_2$ 倍增、温度上升 4℃，干旱、半干旱及半湿润至面积将扩大 $8.43\times10^5km^2$，湿润区将缩小 $9.59\times10^5km^2$，荒漠化面积扩大 $7.06\times10^5km^2$，平均每年扩大 6941 $km^2$(慈龙骏，1994)。

按照我国荒漠化土地的分布格局，现代时期的干旱和寒冷并使得我国东部土地荒漠化有所发展，西部地区荒漠化受到遏制，而全球变暖将使得西北内陆地区干旱程度加强，东部地区土地荒漠化减缓甚至逆转(李锋，1997)。但总的变化趋势是我国东部地区的土地荒漠化将继续扩张，而西部地区土地荒漠化趋势有所减缓。除全球变化影响外，经济增长、过度放牧、森林砍伐、湿地破坏等原因也对我国的土地荒漠化造成了不可低估的影响。

林年丰等在安艾生、吴锡浩 1990 年的文献基础，计算出了不同时代、不同植被类型所占的面积。从表 4.4 中可以看出气候变化对荒漠化的影响。

研究表明，我国北方地区当代的气候环境虽然好于末次冰期极盛期，但较中全新世高温、高湿期的气候环境还要恶化许多，这乃是当今中国北方生态环境脆弱、易于发生荒漠化的重要原因。荒漠化的发生反过来对气候产生作用，尤其是在诸多因素中，人类活动是最为活跃的因子。人类活动对干旱地区的景观特征及其大气组分产生根本性的影响机制，就是通过干旱地区的地-气能量交换平衡而产生效力，具体表现在对地表反射率、地表粗糙度、土壤水分、大气粒子含量、水分交换及地-空能量平衡的扰动，从而对中、小尺度的区域性气候产生影响。尽管这些复杂的数学模型及大量野外观测对理解气候变化及其对旱地人类活动的影响很有帮助，但仍然没能从根本上解决问题。

**表** 4.4　2000 **年来中国气候与植被类型的演化**（$\times 10^4 hm^2$）

| 时　代 | 冻土带 | | 干旱荒漠 | | 干旱、半干旱草原 | | 温带湿润半湿润森林 | | 亚热带森林、热带雨林 | |
|---|---|---|---|---|---|---|---|---|---|---|
| | 面积 | % | 面积 | % | 面积 | % | 面积 | % | 面积 | % |
| 18～15ka B.P | 392.63 | 40.90 | 286.21 | 29.80 | 127.56 | 13.29 | 72.82 | 7.59 | 80.83 | 8.42 |
| 9～5ka B.P | 80.85 | 8.42 | 174.39 | 18.17 | 242.98 | 25.31 | 139.39 | 14.58 | 321.79 | 33.52 |
| 现　代 | 227.61 | 23.71 | 208.39 | 21.71 | 137.79 | 12.35 | 149.65 | 15.59 | 179.04 | 18.65 |

在有些地区，荒漠化似乎有导致大气变冷的趋势，而另外一些地区则得出了大气变暖、潜在蒸散增加的相反结果。若把降水因子也考虑在内的话，这一问题势必更加复杂化，且人类活动对降雨量的影响一直是有争议的论题。热带、亚热带地区的生物量燃烧已成为普遍现象；旱地大火则是烟雾和痕量气体的主要释放源；稀树草原的燃烧，除了对全球 N、C 和臭氧层的影响以外，主要释放物质则是烟尘。据估计，同化石燃料燃烧的烟雾释放量（$22.5\times 10^{12}$～$24\times 10^{12}$g/a）相比，热带生物量燃烧的烟雾释放量约为 $25\times 10^{12}$～$80\times 10^{12}$g/a。在对流臭氧层中，来自全球生物量燃烧的气体约占38%；而在燃烧过程中，生物量中几乎有一半的 N 是以 $N_2$ 的形式浪费掉，仅此一项就导致热带生态系统的固氮损失达 $10\times 10^{12}$～$20\times 10^{12}$g/a，稀树草原燃烧释放的 C、N 贡献率分别占 30%和20%。如果认定总的生物量燃烧贡献了全球气体总量 40%的话，那么旱地燃烧的贡献率保守估计也在 10%上下。

干旱和半干旱地区一致被视为大气搬运浮尘的源地。大气尘埃对地-气能量平衡的影响过程相当复杂，且受控于多种因素，像尘埃的大小和分布，尘源的强度，尘埃的下沉速度、消光性、旋光性、吸光性、单粒散射-反射等、不匀称性等。现已查明，暖相一般发生在尘埃层，而冷相多发生在尘埃层下部的近地表层。大气的温度升速约每日 2℃，而地表的降温速率为每日 10～15℃。因此，在吸收性尘埃层存在的情况下，地表能量平衡的变化集中表现在对短波辐射接收的急剧减少，一个重要的次级变化则是近地表层增温并增加了大气的稳定性。众多观察还发现，荒漠化对地-气能量平衡的另一个根本性的影响源于对水文循环的破坏。多数情况下，植被的减少或消失，升高了地表和近地表的温度，提高了近地表的风速，降低了近地表层的大气湿度，进而导致了地表径流和潜在蒸散的增加。

上述结果将直接减少土壤水分，加速了用于蒸发和蒸腾的能量递减速度。当能量方程中的潜热项(LE)减小时，便意味着有更多的能量被用于地表升温或空气升温，此时的 Bowen 比(定义为由地表进入空气的感热通量与潜热通量之比，其典型值在半干旱地区为 5.0，在海面上为 0.1)在荒漠化地区明显升高。这些与水文循环有关的能量平衡的变化常常能削弱对大气反射率、表面粗糙度及大气尘埃造成的影响。Phillips 总结了这一现象并提出假设：旱地的土壤水分直接与植被覆盖度、降雨量和水蚀成正相关，而与反射率、温度和风蚀成负相关。

人为活动通过对地-气能量平衡的影响而引起的旱地地表和大气组分的变化肯定会对区域性气候和小气候产生影响，且已经被众多数量化模型所模拟，并被大量野外试验所证实。

气候在荒漠化地区有变暖和变冷趋势，而降水的增加或减少尚难以确定；目前有足够的证据表明，增加植被可能有利于旱地降水，植被减少则可能对当地降水不利。而现在的关键问题是，如果把大气环流、水文循环、地-气能量平衡等因素全部考虑的话，多种模型的预测结果便会出现相互冲突，以及现存模型的不断修正、有限的解释力和准确性，时间和空间尺度的局限性等，都使得对旱地的气候（诸如温度、降水）模拟过程处于两难的境地；同时也增加了对控制和了解气候变化与荒漠化之间相互作用的难度。

当前，我们所讨论的全球气候变化，主要集中在工业化以来由于大量燃烧煤炭和石油，使大气中 $CO_2$ 等温室气体的浓度增加，这些温室气体的增加对于大气增暖起着非常重要的作用。大多数人认为：如果工业的发展和燃料使用的结构不变，到 2030 年（或 2050 年）大气中 $CO_2$ 及其它温室气体的含量将相当于工业化前 $CO_2$ 含量的 2 倍，届时它将使大气的平均温度增高 1.5～4.5℃。如果不加以控制，则全球变化带给人类的灾难将是巨大的，特别需要指出的是，处于中纬度的干旱、半干旱地区荒漠化的扩展速度将进一步加快。

荒漠化的发展也会反馈到全球变化。荒漠化是地球环境退化的一项增进因素，对全球生物多样性的损失起着重大作用。它加重了地球生物量和生物生产力的损失，破坏了正常的生物地球化学循环，并通过增加土地表面的反照率而对全球气候变化起作用，或增加了这种变化的可能性。

在全球变化中，荒漠化与全球气候变化也产生相互作用。研究指出，20 世纪以来，干旱地区正在变暖的趋势已成定局。美国西北、南美洲南部、南部非洲和澳大利亚的干旱地区气候变暖十分明显；同样的情况也发生在东部中东地区和西半壁亚洲荒漠地区。令人疑惑的是，亚洲荒漠的区域性变冷也时有发生。气象资料统计结果表明，旱地的降雨水平没有发生显著变化，且北美的西南部和澳大利亚的西部荒漠还表现出变湿的趋势。

到目前为止，在所有旱地中降水变化最显著的地区首推萨赫勒，该地区自 20 世纪 50 年代中期以来，降雨量急剧下降，甚至带来了人员和经济的惨重损失。为了探究撒哈拉地区降水减少的真正原因，气候学家提出了多种成因机制，海平面温度（包括厄尔尼诺-南方涛动）、地表状况、大气环流模式、各种温室气体的累积等。

上述因素的任一变化，都会或多或少对降水产生影响。一些模型预测到，温室气体升高将导致降水减少这一结论与实际的降水记录基本一致，但与温度因子不同，降水及其过程受控于多种大气环境因素（包括温度因子），很难推断温室气体对降水变化的准确贡献率。因此，气候学家普遍认为，如果工业的发展和燃料使用的结构不变，到 2030 年（或 2050 年）大气中 $CO_2$ 及其它温室气体的含量将相当于工业化前 $CO_2$ 含量的 2 倍，至少可以断定温室气体的积累将导致 21 世纪全球升温 1～5℃。只是有些模型预测所有旱地均有四季升温的趋势，而另有模型预测只在中高纬度地区有明显升温。

对降水变化及其变幅的预测，各模型间和地区间的预测结果大相径庭，且预测的可信度较温度的预测不可同日而语。就旱地对全球温室气体的贡献率而言，估计在 5%～10%左右，其中旱地退化的贡献率小于 5%。这一比率在全球尺度上并不起眼，但在地区或国家尺度就显得举足轻重了。多数旱地国家的人为 $CO_2$ 排放量较小，因此，这一地区的 $CO_2$ 排放量同其植被同化量已达稳态。上个世纪，大气中的 $CO_2$ 约增加了 40%，温度和干旱的趋势与数值模拟结果基本一致。

目前，对荒漠化和气候变化相互作用进行定量评价的重要障碍源于所用数据的不一致性及其数据特征的差异，迄今仍然缺乏能以较大精确度来显示各不同地区的变化和速率的精确数据。因此，要求人们进一步研究以确定人类应对此过程负责的程度和采取紧急有效的行动去控制全球正在发生的灾难。因荒漠化而造成的不良后果并不能完全归结于人类活动，也包括短期的气候变异、长期的气候干燥及突发性严重干旱和洪水等；另外，旱地退化的多种过程也不是在同一时间、同一地点同时发生的。因此，要定量评价荒漠化发生、发展的因果关系，就必须在时间—空间尺度上牢牢把握引起荒漠化的各个过程及其动态，否则就只能现其果（荒漠化现象）而不知其因（造成荒漠化的本质）。

大气环流模型表明，若热带辐合带北部的反射率由 14%增加到 35%的话，将导致热带辐合带南移几度，萨赫勒地区的雨季降雨量将减少 40%。如果认定总的生物量燃烧贡献了全球气体总量 40%的话，那么旱地燃烧的贡献率保守估计也在 10%上下。

荒漠化对气候的影响是通过干扰干旱地区的地-气能量交换平衡机制而产生的，另一个根本性的影响则源于对水文循环的破坏。由人为活动对地-气能量平衡的影响而引起的旱地地表和大气组分的变化肯定会对区域性气候产生影响，且已经被众多数学模型所模拟，并被大量野外试验所证实。

气候在荒漠化地区有变暖和变冷趋势，而降水的增加或减少尚难以确定。但目前有足够的证据表明，增加植被可能有利于旱地降水，植被减少则可能对当地降水不利。无论是在时间尺度上，还是在空间范围上全球气候变化对荒漠化都会产生一定的影响。从目前世界各国学者对全球气候变化结果来看，全球气候有变暖的趋势。

已有的研究表明，我国东部和西部地区土地荒漠化对全球气候变化的响应并不是同相的，而是反相的。因此，短期内的荒漠化监测更应重视我国西部地区的土地荒漠化动态变化情况，而长期内的荒漠化监测应以我国东部地区的土地荒漠化监测作为重点。

全球气候变化在空间范围上对荒漠化监测的影响是多方面的，其中主要表现在我国东部和西部地区土地荒漠化对全球气候变化的灵敏度有所不同。我国东部地区土地荒漠化（如科尔沁沙地、浑善达克沙地和毛乌素沙地）对全球气候变化的响应比西部地区（如巴丹吉林荒漠和塔克拉玛干荒漠）更灵敏一些。

如科尔沁、毛乌素和浑善达克沙地全新世以来的变化都在 10 次以上，而巴丹吉林荒漠只有 5 次。同时，自人类出现以来，我国东部地区作为农牧交错区受到人类活动的影响很大。因此，无论是从全球气候变化的角度，还是从国民经济和人民生治的利益出发，我国东部地区都应作为荒漠化监测的重点区域。

# 第五章

# 荒漠化的监测

荒漠化监测的涵义是指在现代遥感、地理信息系统及全球定位系统等高新技术应用的基础上，摸清全国或区域各类荒漠化土地面积的动态变化规律，从而为荒漠化防治工作提供科学决策的依据。荒漠化监测包括两方面的内容：

一是按荒漠化定义给出的范围进行全国的荒漠化监测工作；

二是进行与国民经济和人民生活密切相关的典型和重点防治区的荒漠化监测工作。

## 荒漠化的监测的意义

### 监测意义

对荒漠化状况进行监测可以及时地掌握我国荒漠化土地现状、变化动态及治理成效的信息，为国家、省(市区)防治荒漠化制定政策，编制和调整治理规划，保护、改良和合理利用国土资源，实现可持续发展战略提供基础资料。同时，也是履行《联合国防治荒漠化公约》，开展国际交流与合作所必需。

为准确及时的掌握土地荒漠化原因及发展趋势，评价荒漠化防治工程综合效益，为政府部门制定宏观经济政策和采用治理措施提供依据，必须对荒漠化状况进行跟踪、检测。荒漠化监测主要是通过定期调查，掌握我国荒漠化土地的现状、动态及控制其发展所必需的信息，为国家、省（市区）防治荒漠化和制定政策、编制和调整规划计划，保护、改良和合理利用国土资源，实现可持续发展战略提供基础资料，为防治荒漠化服务。同时，也是履行《联合国防治荒漠化公约》，开展国际交流与合作的需要。它的主要任务是定期提供全国和各省（市区）干旱地区不同荒漠化类型和程度的土地面积现状、动态宏观数据，分析自然和人为因素与荒漠化过程的相互关系，为防治荒漠化提出对策与建议.

我国政府于 1995 年成立了国家荒漠化监测中心，表明我国政府对防治荒漠化的重视和履行《联合国防治荒漠化公约》的积极态度。1994～1996 年，林业部组织有关专家和技术人员在全国范围内进行了沙漠、戈壁及沙化土地普查。这次普查的面积为 $4.57\times10^6km^2$，通过实地考察、遥感调查、统计抽样与 3S 技术，采用地面调查与最新 TM 影像核对的方法，首次全面、系统地对我国的沙漠、戈壁及沙化土地面积、分布现状和最近 20 年来的发展趋势进行了普查，为防沙治沙和防治荒漠化提供了基础信息数据。

随着信息时代的到来，经济建设对信息的需求越来越高，因此，对调查手段和方法的要求也越来越高，调查周期越来越短，调查数据的代表性更强，数据的精度也更高。在荒漠化相关领域的理论研究也越来越深入，近年来在风沙物理学、沙漠成因、沙丘类型、干旱植被、防风固沙机理、干旱地区资源遥感、沙漠土壤、沙漠水文、评价指标等方面已开展了系统的研究。这些研究成果为荒漠化监测奠定了良好的基础。

1960～1996 年，中国防治荒漠化协调小组办公室组织有关部门的专家学者，利用我国境内 1864 个气象台（站）1981～1990 年的气象数据，按公约要求，计算、划分气候类型，确定了荒漠化发生的气候地理区域。利用已有的沙普及土壤侵蚀、草场资源、土地资源调查资料，编制了 1:100 万和 1:250 万全国荒漠化土地分布图，初步搞清楚了全国的荒漠化状况，并在此基础上编写了《中国荒漠化报告》。根据报告，全国发生荒漠化的地理范围(即湿润指数 0.05～0.65 之间的地区)总面积达到 $3.317\times10^6km^2$，约占国土总面积的 34.6%；荒漠化土地面积为 $2.622\times10^6km^2$，其中风蚀荒漠化土地 $1.607\times10^6km^2$，盐渍化土地 $23.3\times10^4km^2$，其他原因引起的荒漠化土地 $21.4\times10^4km^2$，沙化土地面积每年以 $24.6\times10^6km^2$ 的速度扩展。荒漠化严重制约着干旱地区的经济发展。

受气候变异及人类活动(包括破坏和治理两方面)的影响，荒漠化状况会不断发生变化。1994 年 10 月中国政府在法国巴黎签署《公约》后，根据国内防治荒漠化对信息的需求和《公约》中有关缔约方进行信息收集、分析和交流的条款，中国政府决定成立荒漠化监测中心，以便能及时掌握荒漠化现状和变化的宏观信息，评价危害程度和防治效果，为制定政策、编制计划和规划提供信息资料。荒漠化监测是防治荒漠化的一项基础工作，中心成立后，即在全国防治荒漠化工作协调小组秘书处的领导下，就建立全国荒漠化监测体系开展了一系列的技术准备工作。1994 年底至 1995 年初制定了《中国荒漠化监测原则技术方案》，通过了专家论证，1995～1996 年在宁夏进行试点，就原则技术方案所提出的技术思路进行研究探索，基本明确了监测的技术方法；在宁夏试点的基础上，编写了技术方案和技术规定，开展了第一次荒漠化监测工作。

荒漠化过程监测及资源保护是防治荒漠化的基础。20 世纪 70 年代荒漠化监测的主要手段是数理统计与航空摄影测量相结合，而遥感技术、GIS 系统的发展和应用使荒漠化监测工作进入了新阶段。近年应用红外彩色航拍照片和卫星遥感技术，经光电扫描仪量算，不但对长江三角洲、黄河三角洲、内蒙古和全国范围的水土流失情况和土地类型进行了估算，还进行了造林规划设计、科尔沁南部大青沟地区风蚀量估算等，并编制了土壤侵蚀图。有些地区还专门进行了航空遥感，得到了黑白红外片、彩色红外片、多光谱片、热红外图像等资料，应用卫星磁带数据自动识别土壤类型，提取盐渍、风沙、侵蚀等土壤信息，利用机载热红外扫描资料探测土壤含水量，利用不同年份的航卫片分析土壤盐渍化、沙化演变状况。中国科学院通过对20世纪50年代末到70年代末航片资料的对比，得出25年来沙漠边缘荒漠化土地增加了$3.9\times10^4km^2$，平均每年扩大$1560km^2$。水利部门“八五”期间应用遥感技术，得出我国轻度以上水蚀面积$1.79\times10^6km^2$，中度以上风蚀面积$93\times10^4km^2$。

## 中国荒漠化监测的内容、任务

①定期提供全国和各省(市区)干旱地区荒漠化土地面积现状、动态的宏观数据。根据需要，适时提供荒漠化土地分布图件；

②定期提供全国和各省(市区)不同尺度的各类荒漠化土地面积现状、动态数据。并根据需要编制荒漠化土地分布图件；

③根据需要和条件，定期提供国家、省(市区)或部门关注的局部区域(典型区)荒漠化土地面积现状、动态和分布详细状况(详细到地块)；

④分析自然和人为因素与荒漠化过程的相互关系，特别是人类活动对荒漠化的影响，为防治荒漠化提出对策和建议。

根据荒漠化监测的任务和内容，我国的荒漠化监测网建立体系应该大体如图5.1所示。

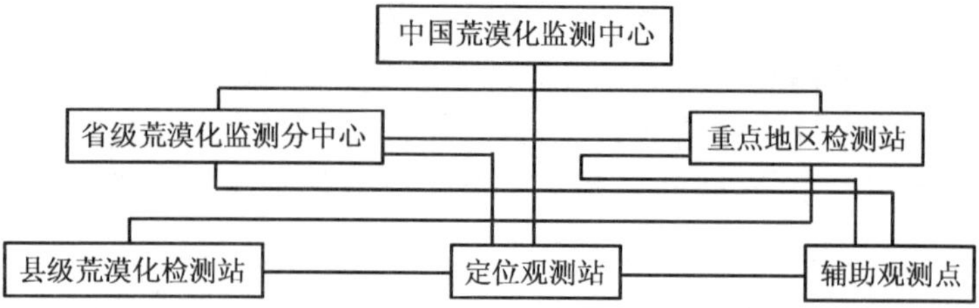


图5.1　中国荒漠化监测网

**荒漠化监测网应建立分层目标：**

①全国荒漠化监测中心：为国家政府制定防治荒漠化进程及保护土地的战略决策和具体措施提供适时的数据(包括数字、图形和图像)，对国家建设和发展重点区域及生态敏感区域(生态脆弱区)进行高密度多时像的动态决策和咨询；且肩负对外交流的职责(包括国家间的交往和向国际防治荒漠化组织提供数据)和国外咨询及国际间合作项目的支持管理。

②各省分中心：为国家政府和各省政府制定防治荒漠化进程及保护土地的战略决策和具体措施提供适时的数据(包括数字、图形和图像)，对国家、省(或地区)建设和发展重点区域及生态敏感区域(生态脆弱区)进行高密度多时像的动态决策和咨询，对全省土地荒漠化资料(包括数字、图像和图形等)收集汇总并上报全国荒漠化监测中心，对省级间的交流和对外咨询及国际间合作项目的支持管理。

③荒漠化监测点：对站点所代表的区域内进行连续定点的土地荒漠化区域、类型和程度的调查和记录并上报分中心和中心。进行单点区域内的荒漠化进程或逆转进行动态监测。

**全国荒漠化监测的范围**：鉴于中国现有荒漠化土地的范围和面积，各种文献众说纷芸，且无完整翔实的图面资料，这一范围将在全国荒漠化普查的基础上，根据与国际荒漠化监测接轨的需要确定其边界和面积。监测范围为干旱、半干旱和亚湿润干旱地区，不包括极干旱区。基本上分布在中国北部和西部 10 个省(市、自治区)(含西藏)，涉及 270 个县，总面积约为 $2.976\times10^6 km^2$，相关 TM 影像 220 景(涉及西藏高原寒漠区约 30 景)。

**重点荒漠化监测区范围**：监测的重点区域在北方 9 省(市、自治区)范围内，年降雨量在 250～400mm 的农林牧交错区，也是生态脆弱区。这个区域是荒漠化防治的重点地区，是通过努力可以促进荒漠化逆转和开发利用的重点区域，但是如果不进行合理保护和利用有可能加速荒漠化进程。此区域包含 82 个县，涉及 TM 影像 64 景。

# 荒漠化监测评价指标体系

在荒漠化监测过程中，选择、确定能客观反映荒漠化发展的指标体系极为重要。由于荒漠化问题的复杂性及荒漠化过程是一个连续的渐变过程，这种变化在环境的、生物的、社会经济等多方面有着不同的反映，因此在选择、确定荒漠化监测指标体系时，应该寻求最能反映上述各个变化要素的指标来进行评价，并通过指标等级差异对其程度进行判断，以确定通过什么样的途径，采用何种方式治理荒漠化土地。理想的指标应是对轻微变化反应敏感、能够定量、易于测定和取得。由于荒漠化问题涉及面广，所以常采用综合指标体系，具体包括以下几方面的内容。

## 荒漠化监测类型的确定

荒漠化监测对象是荒漠化土地，根据土地退化形式，荒漠化类型主要表现在成因上和农林牧利用土地的退化。

**土地利用类型的划分**：我国土地利用类型一般分为 8 类，但在全国荒漠化报告中，考虑到荒漠化地区的实际，将荒漠化地区土地利用类型分为 6 类：即耕地、草地、林地、居民区及公交用地、暂未利用地。相应的退化表现为耕地退化、草地退化、森林退化等。

**荒漠化类型**：根据《联合国防治荒漠化公约》对于荒漠化的定义，我国的荒漠化类型分类采用成因方法，划分为以下几类：风蚀荒漠化（沙漠化）、水蚀荒漠化（水土流失）、盐渍荒漠化（土壤盐渍化）、冻融荒漠化。

**荒漠化监测、评价指标选择**：由于造成荒漠化的驱动因子的不同和不同自然——经济区人类活动方式和强度差异，荒漠化评价指标应该有所不同。此外，由于主要指标的空间尺度和时间尺度的不同，所选区的指标亦有所差异，同时，荒漠化评价指标及其体系的建立，具有很强的区域性，不能用统一的指标和模式。但总的有以下几个指标：

气候因素　温度、大风及风沙日数、沙尘暴发生频率、地表辐射率、降水(包括雨量、强度、雨型)、干燥度等。

土壤因素　土壤剖面、土层厚度、机械组成、土壤侵蚀状况(侵蚀类型、侵蚀模数等)、理化性状、养分含量(包括有机质及矿物质含量)、土壤含盐量及其种类、地下水位及灌溉性质。

植被因素　植被组成、建群种高度、植物种类及其数量、植被覆盖度、生物产量(包括土地生产力、产草量等)。

地形地貌地表状况　沙化类型及所占比重、沙丘大小、沙丘高度、活动程度、沙化土地年扩大比例、地形坡度、平均坡长、沟壑密度、地貌形态组合状况。

社会经济因素　包括产业结构、土地利用状况、土地利用强度(土地利用率、土地垦殖率、土地生产力水平、作物产量)、载畜量、人口密度、人均受教育年限、人均收入、群众生活用燃料结构及其来源。

人为因素　在分析土地荒漠化中具有特殊作用,包括:土地资源的不合理利用(如开垦草原),植被资源的不合理利用(包括乱砍滥伐、乱采滥樵、过牧等),水资源的不合理利用(包括过量引水造成流域水环境恶化、大水漫灌造成盐渍化)。间接的人口结构、生产总值、人均产值、消费水准等。

## 国内外具有代表性的监测指标体系

全球有关标准和指标的代表性成果有:

①关于标准和影响指标的技术性建议(工作文件);

②执行指标及确定影响指标和评价《公约》的方法(撒哈拉和撒赫勒观测所);

③制订标准和指标:西亚监测荒漠化的共同办法(阿拉伯农业发展组织);

④拉丁美洲评估和监测荒漠化的统一方法(FAO、UNEP、地中海农业方案);

⑤防治荒漠化行动方案的影响指标和监测评估方法(撒哈拉和撒赫勒观测所);

⑥评价拟订国家荒漠化研究方案的进程——尼日尔国家行动方案(撒哈拉和撒赫勒观测所);

⑦测量荒漠化的指标和标准——塔尔沙漠;

⑧关于评价和监测拉丁美洲和加勒比荒漠化进程的指标的初步建议;

⑨基于东、南部非洲经验和看法的荒漠化指标(IDRC);

⑩荒漠化对几个亚洲国家社会经济的影响:农业生产力、粮食安全、人口流动(CERES)。

**国际上荒漠化监测指标体系**:国际上较为全面和详细的是由瑞宁(Priscilla Reining)依据联合国内罗毕荒漠化会议前召开一次专家会议的讨论文件整理的体系,包括如下方面:

荒漠化自然地理指标:

土壤:可利用土壤深度;土壤有机质;土壤结皮;尘埃、尘暴和沙暴;盐渍化。

水:地下水深度和水质;地表水和水体面积;排水系统状况。

其它因素:地表反射率。

生物学与农学指标:

植物指标:植被覆盖度;地上生物量;主要植物种类。

动物指标:主要野生动物种、分布及数量;家畜头数;牲畜组成;产量;产率。

社会经济指标:

土地利用方式:灌溉;旱地农业;放牧;采矿;燃料;旅游;水源。

居民点的形式:新居民点;居民点的扩大和定居化;居民点的毁弃。

人类生物学参数:人口结构及其比率;营养状况;公共卫生。

**我国的荒漠化监测指标体系**:我国从20世纪70年代开始,就有学者对荒漠化评价指标进行探讨,前期的研究着重于沙漠化的指标，80年代以来扩展为荒漠化的指标。其中90年代初由中国科学院黄土高原综合科学考察队提出的风沙区土地沙漠化指标具有代表性，这些指标包括：

风沙活动指标：沙尘暴日数、区域输沙模数、风蚀模数等。

地表指标：疏松沙物质丰度、性质、结构等特征。

植被指标：植被覆盖度和年生产量。

土壤指标：土壤养分含量、腐殖质含量、土壤结构、土壤风蚀深度和沙埋程度等。

风沙地貌标志：沙丘类型、沙丘高度、密度、移动程度等。

## 荒漠化监测技术与方法

目前，荒漠化监测还无成熟的、系统的方法。荒漠化的发生发展状况（信息）的获取是通过监测技术的实施达到的。因此，监测技术的制定与实施便成为荒漠化研究的基础。中国虽然在荒漠化的研究及技术方法上积累了丰富经验，但监测体系还未建立，尤其是作为比沙漠化（沙质荒漠化）含义更广的荒漠化而言，其监测体系和技术更不完备。为了能及时和全面掌握荒漠化的变化状况，国家防治荒漠化监测中心于1995年成立后，即组织有关专家拟定了中国第一个防治荒漠化监测技术方案（《中国荒漠化监测技术规程》，1998）。

### 荒漠化监测的原则和目标

中国荒漠化监测目标是：要从现有技术条件出发，充分应用较为成熟的先进技术方法，采用相关专业的最新研究成果和新近的技术手段，逐步提高监测水平，扩展监测内容，建立高水平的荒漠化监测运行体系，提供准确的荒漠化土地数据，使我国的荒漠化监测成为亚洲区域网络和全球监测网络的重要组成部分，使监测技术和运行体系走在世界前列。

应着眼于国内防治荒漠化对信息的需求，体现在内容上，主要是监测各种荒漠化类型和程度的土地面积。荒漠化类型与治理措施密切相关，其程度则强调了治理需要采取的力度。这些信息的提供对防治荒漠化是非常重要的。作为一个环境问题，荒漠化涉及的内容很多，在目前的经济技术条件下，有选择地确定若干要素进行监测，应是基本原则。具体的说，就是具有：

**可测性**：指标应该是为某一明确的目标或目的可实际测定的，应该可以利用有效的信息容易测定和理解。因此，无论定性还是定量指标，都应该可以利用有效的信息容易测定和理解。

**代表性**：指标应该有效的反映出这一特定问题的普遍性，并能够反映其变化情况。

**可靠性**：与指标有关的数据或信息应该是可靠的、可利用的，并易于更新方法和相关知识确定监测与评价指标。

**现实性**：收集和分析确定指标所需的有关数据或信息必须满足经济上合算、技术上可行、社会上满意的多方需求。因此，指标体系要考虑成本与效益问题。

**实用性**：指标应该是简单的、可理解的，并能直接有效地反映或较好地表现一个问题。指标应该与社会的目标或目的密切相关，因此指标的表示方法应该与社会的目标或目的相吻合。

监测所使用的气候区划、荒漠化分类、荒漠化程度分级等指标，均是经过科学验证的，与国际上普遍采用的方法基本一致，这样也便于与国际交流与合作。

常规技术和高新技术相结合。在理论研究与实践的基础上，应不断增加高新技术的含量，以求减少野外工作量，更加快速、准确提供荒漠化土地信息数据。充分应用已有研究成果与荒漠化有关的各种专题研究和调查成果，是荒漠化监测的基础。荒漠化方案的制定，应充分吸取这些方面有益的经验和技术成果。

## 监测技术框架

目前，荒漠化监测评价的标准和指标仍处于制定和应用的初级阶段，并将需要数年的实践才能提供必要信息来准确地评价荒漠化及其治理状况，作出必要的政策抉择以推动各国荒漠化治理水平。同时，制定标准和指标的工作是一个渐进的参与过程，需要根据新的信息和经验的增加、能力的提高、技术的进步以及社会需求和优先性的变化，不断地作出相应的调整和校准。

国际组织目前讨论和采用的指标主要有两类：执行指标和影响指标。执行指标用于监测评价《公约》在国家水平上的实施与进展情况；影响指标用于测定荒漠化问题对资源、社会、经济等方面所产生的总体影响。两种指标可以应用在各种不同时空尺度上。也有一些专家建议将荒漠化监测评价指标划分为以下三种类型：执行指标、状态指标和影响指标。基于后者，通过三类标准和指标所涉及的若干项参数，最终计算出一个指数，以便于全球的横向比较。

三者的层次递进和相互关系见总体框架如图 5.2 所示。

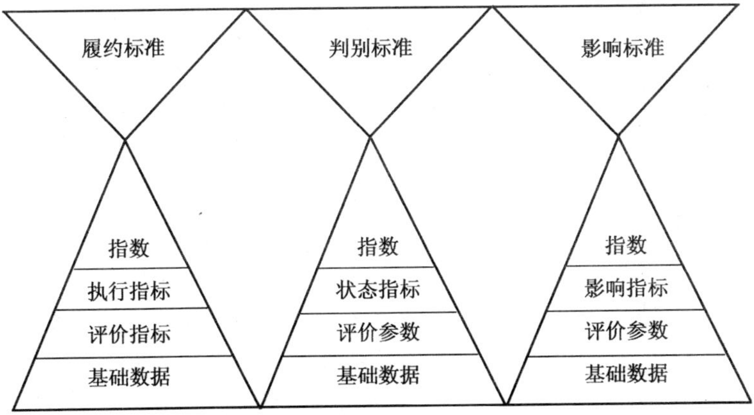


图 5.2　标准与指标体系总体框架图

**执行指标体系**：《公约》执行指标矩阵是在第10届INCD会议上被采纳认定的，这一矩阵指标包括有关检查国家行动计划中是否制定荒漠化监测与评价体系及运行机制等相关的若干参数（表5.1）。

**表5.1 荒漠化监测与评价的执行指标**

| 标准 | 指标 | 评价参数 | 说明 |
|---|---|---|---|
| 履约标准 | 国家协调能力 | √ 法律地位<br>√ 资源<br>√ 部门间或领域特点<br>√ 组成与运作 | √ 管理权利<br>√ 人、财、物资源<br>√ 权威代表及经验<br>√ 成员的角色与作用 |
| | 国家协调活动的效果 | √ 国家会议次数<br>√ 参与与交流<br>√ 决策过程 | √ 工作及其效率<br>√ 接受地方团体、非政府组织和妇女参与<br>√ 双向消息交流 |
| | 机构能力建设 | √ 监测调整和加强<br>√ 机构组织结构<br>√ 现有国家与地方的机构 | √ 协调机制<br>√ 改进方式<br>√ 采取的行动 |
| | 国家行动计划(NAP) | √ 纳入国家环境战略<br>√ 纳入国家、地区和地方的国民经济发展规划 | √ 共同参与，共同管理和合作关系<br>√ 综合和补充<br>√ NAP纳入各级组织的发展规划 |
| | 法律与法规 | √ 法律环境<br>√ 立法调整<br>√ 土地租赁改革<br>√ 自然资源管理法规（农业、林业和畜牧业等） | √ 法律应该保证地方团体<br>√ 拥有更大的责任<br>√ 担保土地租赁<br>√ 参与立法 |
| | 资金流动 | √ 国家、外部和国际资金的流入<br>√ 促进地方有效的使用资金 | √ 有效的财政管理机制<br>√ 充足的资金投入 |
| | NAP监测与评价 | √ 国家荒漠化数据信息网络建设<br>√ 可利用信息的接近状况<br>√ 咨询过程<br>√ 撰写报告情况 | √ 有效的交流<br>√ 有效的参与<br>√ 收集、分析和处理信息的能力<br>√ 荒漠化数据信息网络的作用效果 |
| | 技术能力 | √ 研究资金和项目<br>√ 研究机构<br>√ 研究合作<br>√ 成果推广与应用<br>√ 提高研究能力的措施 | √ 制定合适的项目<br>√ 新技术的应用<br>√ 成果的有效推广<br>√ 研究的计划与管理 |

**影响指标体系**：影响指标是反映防治荒漠化行动对社会经济产生了哪些影响及其反馈作用的指标。由于反映全社会经济变化的信息收集、归类、汇总、分析和公布，一般统一由政府统计部门负责。因此，所有社会经济类影响指标首先应从国家公布的统计信息中寻找，其它相关数据则可从有关部门中获取（表5.2）。

**表 5.2 荒漠化监测与评价的影响指标**(卢琦、郭剑亮;1999 年)

| 标准 | 指 标 | 评 价 参 数 | 说 明 |
|---|---|---|---|
| 影响标准 | 人口 | √ 总量与自然增长率或出生率<br>√ 性别、年龄、民族 | 国家统计信息年报 |
| | 收入 | √ GDP、人均纯收入<br>√ 年财政收入、财政赤字或补助额<br>√ 年末储蓄余额、人均储蓄额 | |
| | 就业与消费 | √ 农业与非农业<br>√ 总额与农民家庭人均生活消费支出额<br>√ 住宅面积/人均<br>√ 农民家庭百户耐用消费拥有量 | |
| | 生产与投资 | √ 工业与农业产值与增长率<br>√ 固定资产与投资总额与增长率<br>√ 第一、二、三产业结构 | |
| | 人为因素引起的农地侵蚀 | √ 轮耕、弃耕、陡坡开荒<br>√ 毁林开荒、林地放牧<br>√ 草原载畜量、草原过牧、草原退化 | 以农业部门为主、林业和水利部门为辅提供的信息 |
| | 防治进展 | √ 新建水利和防护保障的农田<br>√ 新建改良、防病虫鼠的人工牧场<br>√ 改良、防治、集约经营的速生丰产林 | |
| | 荒漠化危害 | √ 工矿业(停产工时、设备破坏、救灾及恢复生产的费用)<br>√ 交通、通讯(破坏铁路的长度、停运的时间等)<br>√ 城市、村镇受风沙、泥流危害(房屋、道路、基础设施受损) | 由铁道、交通、电信、建设、能源、原材料工业等各部门提供的信息 |
| | 非农产业增长、基础设施建设、城镇村建设 | √ 工业、商贸服务业等<br>√ 水、电、气、路、通讯等<br>√ 城市、村镇、游牧定居、集村并屯等 | |
| | 农业向非农产业转移和沙区产业的增长 | √ 农业向非农产业转移<br>√ 沙区旅游<br>√ 沙区农副产品加工 | |
| | 旱灾和洪水对社会经济的影响 | √ 受灾面积和减产幅度<br>√ 受灾人口和经济收入损失 | 由水利部门提供的信息 |
| | 水资源不合理利用及水污染 | √ 高定额漫灌和水渍化、盐碱化面积<br>√ 未处理污水排放量 | |
| | 水资源合理利用和水利受益 | √ 节水技术系统灌溉面积、节水比率、增产比率<br>√ 拦蓄水设施及受益人口<br>√ 循环用水及苦咸利用 | |
| | 水资源供给 | √ 本流域地面径流供给量<br>√ 地下水开采量<br>√ 外流域调入水资源量 | |

**状态指标体系**：这类指标用于描述和判别荒漠化的状态和趋势，例如通过遥感和制图手段监测荒漠化发生、发展动态，预测、预报未来发展趋势，为建立荒漠化预警系统提供基础数据(表 5.3)。

**表 5.3　荒漠化监测与评价的状态指标——生物物理部分**

| 标准 | 状态指标 | 评价参数 | 盐漠化类型 | | | | |
|---|---|---|---|---|---|---|---|
| | | | 风蚀 | 水蚀 | 盐碱化 | 冻酸 | 其它 |
| 判别标准 | 气候 | √ 年平均降水量、蒸发量和温度 | √ | | | | √ |
| | | √ 季节降水量和温度变异 | √ | √ | √ | | √ |
| | | √ 沙尘暴频率和强度 | √ | √ | √ | √ | √ |
| | | √ 大雨或特大暴雨的频率与强度 | | | | √ | √ |
| | | √ 大气中沙尘粒子密度 | √ | √ | √ | | √ |
| | 土壤 | √ 土壤类型 | √ | | √ | | √ |
| | | √ 土壤质地 | √ | √ | √ | | √ |
| | | √ 土壤厚度 | √ | √ | | √ | √ |
| | | √ 表土损失率或损失量 | √ | √ | | √ | √ |
| | | √ 土壤有机质和有效养分浓度 | √ | √ | √ | | √ |
| | | √ 土壤含盐量 | | √ | √ | √ | √ |
| | | √ 土壤 pH 值 | | √ | √ | | √ |
| | | √ 土壤水分 | √ | √ | √ | | √ |
| | 植被 | √ 植被类型 | √ | √ | √ | √ | √ |
| | | √ 植被覆盖度 | √ | √ | √ | √ | √ |
| | | √ 植被结构与组成 | √ | √ | √ | √ | √ |
| | | √ 特有动植物种类及数量变化 | √ | √ | √ | √ | √ |
| | | √ 优势种种类及数量变化 | √ | √ | √ | √ | √ |
| | | √ 植被生物量与净生产力 | √ | √ | √ | √ | √ |
| | 水文 | √ 地表水的覆盖面积和混浊度 | √ | √ | √ | √ | √ |
| | | √ 河流中悬浮泥沙量 | | √ | | | √ |
| | | √ 河流泥沙淤积量 | | √ | | | √ |
| | | √ 土壤侵蚀模数 | | √ | | √ | √ |
| | | √ 水质 | | √ | √ | | √ |
| | | √ 地下水位 | √ | √ | √ | √ | √ |
| | 土地利用格局 | √ 土地资源利用模式(林地、草地、耕地、工程建设和未利用地面积) | √ | √ | √ | √ | √ |
| | | √ 土地资源经营模式(耕作方式、灌溉方式、工程措施) | √ | √ | √ | √ | √ |

**荒漠化监测技术**：依据要获取的荒漠化信息而制定。具体监测技术通常包括设立地面长期观测站，开展野外调查勘测，应用航空相片、卫星相片进行解译，以及部门的、专业的信息进行综合。这些技术的应用还要按监测目标尺度(国家级、省(市、区)级、地县级、典型区域)、时段目标尺度(长期、中期、近期)的不同而有略微差别。

## 监测的主要技术方法

荒漠化监测尚无成熟、系统的方法，也是各国正在探索研究的内容。根据技术方案和技术规定，荒漠化土地宏观监测的主要技术方法是：采用地面设置固定样地进行定期观测，对荒漠化土地面积进行抽样估计，地面调查与3S（Remote Sensing、GPS和GIS）技术相结合的调查方法。下面是常用的主要技术方法。

**监测体系**：全国荒漠化监测在3个层次上开展工作：

①荒漠化土地宏观监测。以省（市区）干旱地区为总体，采用抽样和遥感技术，提供各省（市区）干旱地区的荒漠化土地面积现状和动态宏观数据。各省（市区）数据之和即为全国数据；

②重点地区监测。根据需要和条件，定期提供受关注局部地区的荒漠化土地面积现状和动态详细情况，以航片结合典型调查为主；

③典型监测。根据自然和社会经济特点，在不同的荒漠化类型区选择有代表性的地点设立监测站，定位观测土地荒漠化过程。

**监测范围**：《公约》所规定的荒漠化发生的气候条件是目前确定荒漠化监测范围的依据，即在干旱、半干旱和亚湿润干旱地区进行荒漠化监测。

**监测周期**：荒漠化土地宏观监测以3年为一个监测周期。

**监测分类系统**：对荒漠化土地要确定土地利用类型、荒漠化类型和荒漠化程度。土地利用类型强调荒漠化对社会生产力的影响，荒漠化类型及程度着眼于采取的治理措施及治理需要采取的力度。

土地利用类型划分：分为耕地、林地、草地、工矿及居民交通用地、水域。

荒漠化类型划分：风蚀是指由于风的作用使地表土壤物质脱离地表被搬运现象及气流中颗粒对地表的腐蚀作用。水蚀指由于大气降水，尤其是降雨所导致的土壤搬运和沉积过程。冻融指温度在0℃左右及其以下变化时，对土体所造成的机械破坏作用。盐渍化指地下水、地表水带来的对植物有害的易溶盐分在土壤中积累引起的土壤生产力下降。其他原因引起的植被退化，因过牧、樵采、挖药等引起的植被生物量降低、土壤坚实、林木生长不良、优良牧草减少等。

荒漠化程度及评价指标：种群结构各类型荒漠化土地的荒漠化程度分为四级，即轻度、中度、重度、极重度荒漠化。荒漠化程度评价的任务是判断一块土地是否荒漠化，如果发生荒漠化，其严重程度怎样。风蚀、水蚀、盐渍化采用多因子加权数量化评价方法。植被退化和冻融荒漠化类型的程度采用描述性半定量评价方法。

根据中国荒漠化监测中心的方案，调查区大小通常分为三级：省区级的监测通常称为调查总体（或划分为副总体），其下可续分为县级（二级）和典型地域级（三级）。国家级和省级（总体）荒漠化监测，技术应以卫星遥感和宏观考察为主，县级（二级）应以航片再结合典型调查为主，典型区（三级）则用航片和设立地面观测站为主。

**地面调查监测方法**：荒漠化土地面积现状和动态宏观监测采用两种方法。

系统抽样方法：在调查总体范围内系统布设固定样地（或配置部分临时样地）进行定期观测，采用估计、地面调查与遥感相结合的调查方法。

①确定调查总体范围。以省（市、区）干旱地区为抽样调查总体，在地形图上确定其范围。

②样地布设计算样本单元数，将样地系统布设在地形图公里网交叉点上。

③制作卫星影像样地位置图。在各监测期制作调查总体与调查年度和季节最接近、与所使用地形图比例尺相同的卫星影像。将地形图上布设的样地位置转绘到卫星影像上。各监测期要重新将样地位置转绘到新的卫星影像上。

④样地定位、设置与复位。样地附近有永久性地物标时，现地采用引点方法确定样地位置，样地附近没有永久性地物标时，用 GPS 结合卫星影像识别确定样地位置。样地设置固定标志。样地附近没

有永久性，复查时样地复位除采用原定位方法外，应对照调查前后期的卫星影像，还可用前期样地的景观照片来帮助样地复位。

⑤样地区划与调查。样地内存在不同土地利用类型调查。荒漠化类型及程度的土地时，要区划图斑、分别进行实测时，面积大于 50m×50m 的地块要区划图斑调查；判读时，图上大于 1mm×1mm 的可识别地块要判读区划。用实测或直接从影像上判读（在图斑界线明显时）的方法区划图斑。样地图斑调查因子一般到现地勘查，特征明显的样地（如流动沙丘）可从卫星影像上直接判读。调查图斑的土地利用类型、荒漠化类型、程度及其他自然地理状况。

⑥以各类型荒漠化土地在样地内的面积成数为标志值按系统抽样方法估计总体特征数（各类型荒漠化土地面积成数平均数、估计精度），根据其面积成数平均数估计值和调查总体面积估计总体各类型荒漠化土地面积。

⑦通过两期调查获得荒漠化土地面积动态。

成数抽样方法：采用成数抽样方法估计省（市区）或其副总体各类型荒漠化土地面积现状如下：

①计算样本单元数；

②在调查（副）总体 1:5 万或 10 万地形图上系统布设样地；

③按地形图标准分幅制作与所使用地形图比例尺相同的卫星影像。图像处理时在卫星影像上叠加公里网格，公里网交叉点周围 3×3 个像元范围内不叠加公里网线，以便于判读。

④在卫星影像上对样地所在图斑的各项因子进行判读，以图斑属性作为样地属性，判读内容包括土地利用类型、荒漠化类型、荒漠化程度或该类型荒漠化评价指标（根据评价指标判读值计算和划分荒漠化程度）等。

⑤在所有样地中系统抽取 15%～20%的样地（图斑）进行现地调查，对所判读内容进行实测，确定其土地利用类型、荒漠化类型和荒漠化程度。

⑥根据实测样地的实测和判读成对数据计算判读荒漠化类型

向实测类型的转移概率矩阵，对目视判读结果进行修正。

⑦根据修正后各类型荒漠化样地数计算成数，据此成数和调查总体面积估计各类型荒漠化土地面积。

建立中国荒漠化监测体系尚存在3个主要技术问题：

①荒漠化发展速度、面积变化的空间尺度于卫星突变的分辨率之间在空间尺度的不匹配。客观上给监测带来了困难；

②由于遥感数据分辨率和反演水平等的局限，使得遥感技术的应用受到限制；

③荒漠化评价指标体系尚不完善。

目前，国内外还没有一个完全适合宏观、应用遥感监测的荒漠化评价指标体系。国内外的科学家们对荒漠化评价指标作过许多研究，但还存在一些问题，主要表现在：从局部的自然条件出发，指标选取各异，难以在地理分辨复杂的大范围内应用；评价的空间尺度不明确，层次不清；指标选取的方法欠客观，不能反映荒漠化的实质；评价指标过多，间接指标多，指标数据获取的难度大时，实用性差；有的则采用单因素评价，准确性差；所选指标一般难以通过遥感技术获取，要求长期定位观测；指标的灵敏度较差。评价指标在较大程度上决定所采用的监测方法。如果评价指标易于通过遥感方法获取时，那么，荒漠化信息的采集将会有实质性的进展。

*航卫相片解译及遥感技术在荒漠化土地调查中的应用*：选择与调查区域范围相同，最能反映调查区特征时段的清晰度强的航卫片进行判读解译。再将地形图上布设的样地位置转绘到相应的卫星影像上，从而确定监测样地的荒漠化类型及其强度。应用同样方法，对各监测期的调查都要重新将样地位置转绘到新的卫星或航片影像。随着科学技术的发展普及，遥感方法已逐步应用于荒漠化调查。遥感调查本身又分为航片和卫星影像两种类型。

## 调查技术方法

**航片调查技术**：利用航片调查首先要划分航片的有效面积，

可以根据图像比例尺进行确定，一般而言，航片的中心部位精度最高。其次是绘制调查区域航片略图，掌握所在区域的总体特征。第三是对航片的不同影像特征进行解释，建立判读标，编绘荒漠化类型及程度解译图。最后要进行野外实地验证。做到点面结合形式正式图解。利用航片在室内判读必须逐片逐块进行。方法是以目视判读为主，对难以判读的地块辅以仪器判读。判读的顺序是先作总体观察，然后遵循由整体到局部，从明显到模糊，从粗到细，从具体到抽象的原则进行。根据航片的影像、形状、大小、色调、阴影、结构建立判读标志，再以土地利用类型、荒漠化程度、强度等所制定的等级标志，逐块落实。并将判读结果填写到相应的表格中。同时，参照已收集到的有关地质、地貌土壤等资料，记载相应的因子。在判读基础上，有必要进行外业验证。即选择一定的路线和地块及样方，进行调查验证。经过验证无误后，进行航片转绘，即把航片判读的结果转绘到基础地形图上完成图件编绘，然后进行计算。

**遥感监测技术**：卫星影像资料（包括 MSS、TM、SPOT 及 NOVA）已越来越多用于大范围荒漠化调查和荒漠化监测。经过精度处理的卫星影像资料已经可以大大满足各种精度的调查要求。目前卫星影像资料判读方法有三种：即数字卫星影像资料计算机自动分类，纸质卫星影像资料的目视解译和数字卫星影像资料计算机屏幕勾绘。

数字卫星影像资料计算机自动分类：优点是利用计算机软件(Erdas)对卫片像元特征进行自动分类，速度快，可用于地物相对简单均一的情况和地区。不足之处是由于各类型区的地物种类和环境因素千差万别，很难做出统一的判别规划，因而精度有待提高，还必须与地面实践结合。自动的专家分类系统目前尚处研究阶段，因此，数字卫星影像资料计算机自动分类方法尚不能用于大规模监测实践。

纸质卫星影像资料的目视解译：是在纸质卫星影像资料上作目视判读解译，然后再作计算机数字化输入，建立图形库。它的不足之处是纸质图像与数字卫星影像资料比较,信息有所损失,其次是成图像比例尺受纸质图像比例尺限制,人工工作量较大,再之,勾绘和数字化过程都存在误差,影响精度。

目视解译和数字卫星影像资料计算机屏幕勾绘:随着计算机硬件及软件的飞速发展,利用微型计算机屏幕解译遥感图像,比以往利用相片在拓图台上解译有着无法比拟的优点:

①原始影像清晰,信息量大,可在像元水平上作解译。计算机屏幕可显示16MB中色调,具有较高的分辨率,其空间分辨率可达一个像元水平,并且可以随意放大。因此,可以根据像元的色调、纹理、结构及周边关系,判读每个像元的归属,这是质纸卫星影像资料的目视解译无法达到的。

②目视解译和数字卫星影像资料计算机屏幕勾绘是一种人机结合方法,除人的主观判读外,还可以利用软件提供的局部探测及统计功能等各种工具作人机结合式判读,大大地提高了解译和勾绘的准确性。

③可作成任意比例尺的图件(1∶25000～1∶500000)。

④可加注任何信息,如在屏幕上修改及加注行政界线,勾绘村镇范围,加注道路等各种标记,形成影像地图。

⑤可以各种形式输出最终产品,根据需要,最终产品可作成影像地图,影像分类或GIS图三种图件;而输出及存档格式可以是电子产品,相纸或打印纸三种输出,即输出方法可以选择数字光盘、绘图仪打印机或扫成彩色底片放大等方式。

**荒漠化土地图编制及面积量测:**

荒漠化图的编制:根据需要和条件,适时编制荒漠化土地图件十分必要。

从精度要求出发,要求:

省(市区)级的编图比例尺1∶500000～1∶1500000;

全国的比例尺为1∶250万为宜。

省(市区)荒漠化土地编图主要方法及编图内容。首先必须制作省(市区)范围比例尺不小于1∶50万的卫星影像和相同比例尺地理基础地图,而后用目视解译方法编制荒漠化土地分布草图,并将解译结果转绘在相同比例尺地形图上,然后按所要求的成图比例尺进行缩编。分布图内容包括专题图斑(图斑内注记土地利用类型、荒漠化类型、荒漠化程度)及其它地理和行政要素;以各省(市区)荒漠化土地分布图为基础,缩编成1∶250万全国荒漠化土地分布图;荒漠化土地面积较小且分布零散的省区,采用按类型图斑方法进行全面调查并进行面积统计。

荒漠化面积的量测:采用成数抽样方法估计省(市区)总体或其副总体各类型荒漠化土地面积方法如下:

①设计观测的样本单元数;

②在调查(副)总体内选1∶5万或1∶10万地形图上系统布设样地;

③按地形图分幅标准并选择与地形图比例尺相同的卫星影像。卫星图像处理时叠加公里网格和图幅号、经纬度、图廓线等信息。公里网交叉点周围3×3个像元范围内不叠加公里网线,以利于判读;

④在卫星影像上目视解译样地属性。在卫星影像上对样地所在图斑的各项因子进行判读,以图斑属性作为样地属性。判读内容包括土地利用类型、荒漠化类型、荒漠化程度或该类型荒漠化评价指标(根据评价指标判读值计算和划分荒漠化程度)、地形地貌等;

⑤在所有样地中系统抽取15%～20%的样地(图斑)进行现地调查,对所判读内容进行实测,确定其土地利用类型、荒漠化类型和荒漠化程度;

⑥根据对样地的实测和对荒漠化类型解译的对应分析,计算解译图像与实测类型的精度百分率,对目视判读结果进行修正;

⑦根据修正后各类型荒漠化样地数计算成数,据此成数和调查总体面积估算各类型荒漠化土地面积;

⑧利用卫星数据进行计算机自动分类,按所需比例尺成图。在判读样地的间距较小时,可利用样地数据成图。

## 监测信息管理系统的建设

**系统设计**：对监测的信息数据及其应用进行有序化管理，是提高监测技术，巩固监测结果，促进监测工作向实用化方向转移的重要条件。因此，搞好监测管理系统的建设，是荒漠化监测体系的重要组成部分和重要环节。基本途径是对所获取的监测数据、图件实现计算机管理，进行统一编码，建立全国统一的信息管理系统，实现国内外的信息交流和共享。

**系统构成**：管理系统由计算机硬件系统和应用软件系统构成。

基础数据库：包括荒漠化土地、气象、水文、社会经济等属性数据库和遥感、专题空间图像图形库。

应用分析模型：依据监测、规划、评价和效益评估等的需要，需要建立多目标、多用途的分析模型，包括荒漠化动态预测模型、环境评价模型、荒漠化损失评价模型等。

**荒漠化动态监测的本底及基础数据库的建立**：

监测的本底：以普查为基础，进行必要技术规范和补充后形成，需要尽快准备和补充普查地区的遥感图像，供调绘普查信息，分幅求积成图，并与普查图斑属性数据库一起作为本底技术资料存档备用。

荒漠化监测的分区和类型划分：

①气候分区。将监测范围以县(乡)为单位纳入以下五个气候区，以便统计分析和与国际接轨。极干旱区和湿润区一般不属于荒漠化监测范围，但极干旱区的新疆塔克拉玛干荒漠东部和北部绿洲区域应予包括。

| | |
|---|---|
| 极干旱区 | 湿润指数＜0.05 |
| 干旱区 | 湿润指数 0.05～0.20 |
| 半干旱区 | 湿润指数 0.21～0.50 |
| 亚湿润干旱区 | 湿润指数 0.51～0.65 |
| 湿润区 | 湿润指数＞0.65 |

湿润指数根据国际公约采用了 Thornthwaite 方法计算确定。

②确定荒漠化监测的对象。在各有关气候区中，根据受荒漠化影响的状况，在宏观地域上进行下列区划工作的实施：

- 历史上形成的确定的荒漠地区（简称 A 区），如塔克拉玛干、古尔班通古持等大荒漠腹地；
- 受荒漠化影响动态变化明显的地区（简称 B 区），B 区监测的具体界线可以分别向 A、C 区扩展一定范围，以利于及时监测各区间特殊的与荒漠化有关的地域变化，并做相应的监测边界调整；
- 基本上属于非荒漠化影响的地区（简称 C 区），如高山冰川和降雨充沛、植被茂盛的亚高山森林植被区等。

荒漠化监测主要在 B 区进行。

③荒漠化发展程度的区划。在上述自然区划带的 B 区范围，作为荒漠化监测分区的第二级区划和因地制宜确定防治措施的参考，也基本上可反映出荒漠化演变的趋势，需根据普查成果的汇总分析和有关参考资料将上述地区按荒漠化过程的发展程度分为：

- 正在发展中的荒漠化地区；
- 强烈发展中的荒漠化地区；
- 严重的荒漠化地区。

④荒漠化地区土地类型的划分体系。在上述有关气候区和不同程度的荒漠化发展地区区划的基础上，在其内部逐一进行局部地块的土地利用类型及其荒漠化状态的划分：

- 划分依据：土地利用现状（参照全国土地利用现状分类标准）；荒漠化特征标志及其严重化程度：地表形态变化、地表指示植物、地面及土地组成物质。
- 土地荒漠化类型划分：受荒漠化影响的土地利用类别作为分类第一层次，根据土地利用状况划分为：农地、林地、草地、水域、道路和居民点以及其它未利用土地。各种地类按土地利用现状进一步划分地类。

荒漠化特征类型及地类，如农地进一步分为旱作农地和灌溉农地，这是分类的第二层次，在各土地利用类型下划分：沙质荒漠化、盐渍荒漠、水蚀荒漠化、土壤板结。依据国际荒漠化定义，并考虑我国实际与监测技术实施的要求，再续列若干类型，并按荒漠化土地的特征标志和量化指标，通过调研试验进一步确定第一级分类，及其评价指标体系。

荒漠化程度分级作为分类体系第三层次：尚未荒漠化、轻度荒漠化、中度荒漠化、重度荒漠化。

# 第六章

# 荒漠化的防治与对策

荒漠化地区既是一个脆弱的生态系统，也是一个宝贵的生态系统，其生态环境的好坏对周边地区和下游地区生态环境有重要影响，因此保护和建设好这一生态屏障，对于我国的东部地区乃至全国的环境、经济和社会的协调发展具有极为重要的意义。荒漠化地区严酷的自然条件、严峻的荒漠化扩张现实、严重的风沙及沙尘暴危害、尚不发达的区域经济基础、相对集中分布的少数民族区域及边疆地区、日益扩大的东西部经济差距、以及相对廉价的资源调配方式等等，严重地影响到包括资源开发利用、区域经济发展、民族团结、以及 21 世纪我国社会经济发展，使荒漠化防治成为举国关注的热点问题，并严重制约了我国环境、资源和社会经济的可持续发展。因此，在我国开展防治荒漠化、发展干旱区经济、实现可持续发展意义重大。

防治荒漠化的目的是：防止和(或)减少土地退化；恢复部分退化的土地；垦复已荒漠化的土地。

防治荒漠化的对策有：控制农林牧水工复合生态系统的结构和功能，合理利用水土资源;实行“生态系统管理”,促进系统内的良性循环;传统知识与现代科学技术相结合;完善政策措施和加强科学管理。

## 荒漠化的治理效益的因素分析

沙漠化是当今世界上一个重要的环境问题,据联合国环境规划署估计,目前全世界沙漠化面积约为 $3.84 \times 10^6 km^2$,其中亚洲 32.6%,非洲 27.9%,澳大利亚 16.5%,北美和中美洲 11.6%,南美洲 6%,欧洲 2.6%。全世界有 100 个国家的 8.5 亿人口正在受到沙漠化的影响。目前沙漠化正在以每年 $500 \sim 700 hm^2$ 的速度扩展,每年因沙漠化而绝收的耕地近 $21 \times 10^6 hm^2$,由此造成的经济损失约 266 亿美元。预计本世纪末世界干旱地区将丧失 1/3 的耕地。联合国环境规划署官员在描述沙漠化的危害程度时说:“……土地沙漠化所引起的破坏性后果不亚于几次核打击。虽然不是闪电式的但对人类及保证人类生存的生命系统的破坏程度却毫不逊色”。为了对付沙漠化这一全球性环境退化问题,联合国于 1977 年在肯尼亚的内罗毕召开联合国沙漠化大会,并制定了包括 28 条建议的防治沙漠化行动计划,号召世界各国共同行动起来制止土地沙漠化的发展。然而至今,收效甚微。

### 荒漠化防治的重点

荒漠化的研究和防治重点放在预防及制止其蔓延方面,特别要着重于两种生态系统相毗连的“边界”地区的研究,即生态环境脆弱带的研究。在这种地区自然条件本身就具有脆弱性,但也有一定的自然资源可作为农牧业的利用,再加上人口的压力和过度经济的活动,土地支持人口生活的能力愈来愈弱,生态系统易于失调,荒漠化的发展最为迅速,如农牧交错地带和干湿交替带等,调整其土地利用结构,进行资源的适度利用,采取防治措施,逆转的可能性很大,所以就发展经济的意义来说,这种地区远比干旱的广大面积的沙质荒漠更为重要，应成为土地荒漠化防治的重点。

土地荒漠化的发生发展是一个十分复杂的问题，由前所述，有着深远的历史背景和复杂的自然、社会和经济因素。历史上千年前曾经是商旅云集、繁华昌盛的楼兰绿洲，早已变成了流沙掩埋下的寂寞废墟；数百年前还是一望无际，风吹草低现牛羊的呼伦贝尔肥美的草原，今天却出现大量流沙等退化草场；曾是森林广布的黄土高原，今天早已成为千沟万壑、支离破碎的沟壑丘陵。更近的，20世纪50年代仍然水草丰美，令人向往的居延海，至90年代已经干枯为干湖盐滩；曾被人们引为骄傲、昔日驰名中外的民勤绿洲，如今已成为引以为戒的退化绿洲。这些自然环境的退化，仅为干旱半干旱地区广泛存在的荒漠化少量例证。

## 荒漠化防治的因素

尽管目前荒漠化仍在蔓延，治理速度赶不上其发展速度，但为了有效防治荒漠化的发生发展，人类曾世世代代和荒漠化的发生发展进行了不懈的抗争，积累了丰富的经验，在某种程度上遏制了荒漠化肆虐的势头。尤其是近50年来随着科学技术的进步和人类对荒漠化认识水平的提高，已经开始调整人类行为准则，开展有序人类活动，即依据自然规律调控人类生产活动，开展荒漠化的综合防治体系。但是在人类自身的活动方面还存在着下列有碍荒漠化防治的因素：

①人口迅速增长对环境、资源的压力无疑是造成荒漠化发展蔓延的最主要的原因之一。有些国家人口过快增长变成了防治沙漠化的障碍。因为随着人口的增长，需要开垦更多的土地，过度放牧和砍伐过程将进一步加剧。目前，大部分国家的沙漠化防治工作还停留在沙漠化的现状调查，评价和研究工作上，采取的具体行动都是小规模的。

②传统落后的(农、牧、林)生产方式加强了对资源的掠夺和对环境的破坏。

③社会经济的落后以及群众的贫困，一方面促进了掠夺行为的发展；另一方面又对环境的恢复和重建无能为力。

④环境意识不强，不懂得保护环境的重要性。许多国家都未把防止沙漠化的计划纳入国民经济的发展计划之中。由于"不知道"、"没想到"、"想不到"，人们的许多行为违反了客观规律，遭到大自然的报复，促进了荒漠化的发展。

⑤经营不善、管理水平低下，生产长期停留在粗放、低水平的重复，无力逆转荒漠化过程和制止荒漠化发展。

⑥在"短期利益驱动"下，只求近利，违反资源环境的良性演替规律，"三滥"(滥垦、滥牧、滥樵)和"多乱"(乱建窑、乱建厂、乱开矿、乱捕、乱捞、乱砍、乱挖)导致地表植被破坏，风蚀加强，水土流失严重，加速环境破坏和土地退化。

⑦政策失误导致荒漠化的发展。20 世纪 50 年代我国在北方干旱半干旱地区进行大面积开荒，一部分不易开垦的土地垦殖为农田，后被撂荒，引发沙漠化的加剧；20 世纪 70 年代在"以粮为纲"、"牧民不吃亏心粮"等口号下造成几次牧区大开荒，导致草原牧区荒漠化的进一步发展；20 世纪 90 年代放牧政策失控，超载放牧和不合理开垦，又导致了荒漠化从整体上发展的格局。

⑧法制不完善。执法不严，法规不完善，环境和资源的保护受到削弱。加强法制已经成为荒漠化防治的重大问题。

⑨组织、管理体系不健全，影响了荒漠化防治速度与建设规模。应把对保护、改造、建设环境和防治荒漠化成效与各级领导政绩挂钩，成为使用、任免和奖励干部的重要指标。

⑩科学技术成果转化水平低。经过 40 年防止沙漠化的实践，我国已积累了一整套有效的实用技术，典型地区应用非常成功，但在广度及各单项技术组装应用上，仍存在着许多制约因素，以至于荒漠化土地只在局部地区得到治理，而总体上仍在不断扩展。因此必须大力加强科学技术的研究、引进、成果推广工作，不断提高科技含量。逐步实现由粗放经营向集约经营的转变，促进劳力密集型

向技术密集型的转变。

⑪有些发展中国家还缺乏防治沙漠化的专业人才和技术。

⑫资金投入不足。防治荒漠化需要资金投入，而资金不足是普遍的问题。据联合国环境规划署估计，为了有效地制止土地沙漠化过程，需要连续在 20 年内每年投资 45 亿美元，这只占全世界每年军事开支 9000 亿美元的 0.5%。环境规划署曾期待各国政府积极捐款以便用于援助发展中国家。但是，截止 1983 年底收到的捐款不到 5000 万美元，差距甚大。由于用于防治沙漠化的投资不能立即收到经济效益，有些国家领导人便宁可把资金投向房屋、道路等建设上，而不投向沙漠化防治项目。联合国系统在过去几十年中向一些非洲国家资助几十亿美元用于整治退化的土地和牧场，但始终未达到预期效果。我国荒漠化地区恰恰是最贫穷的地区，资金问题便显得更为突出。因此，建立一套有效的投资机制，发挥国家的、集体的、个人的作用，建立多层次、多渠道、多方式的投入机制便十分必要。

## 荒漠化防治的主要对策

### 我国防治荒漠化战略

我国荒漠化发生发展的特点和国情，决定了防治荒漠化是一项复杂的社会系统工程，应当实施可持续发展战略；贯彻预防为主，积极治理，科学合理利用的指导思想和经济、社会、生态效益相协调发展的方针；从整个社会功能体系出发，实行统筹兼顾，综合治理，坚持统一规划，分类指导，突出重点，分步实施。逐步建立起既能促进环境优化又能有利于社会经济协调、稳定、持续发展的生态经济体系。

我国防治荒漠化的战略步骤：首先，应特别重视目前正在进行农牧业生产，已出现轻度荒漠化或具有潜在荒漠化危险的土地以及大江大河源头、重要战略要地的保护与防治,根据其生态条件和资源特点,合理利用土地,防止新的荒漠化;其次采取措施对中度荒漠化土地整治,逐渐恢复其生产力;第三是控制重度和极重度荒漠化土地的进一步扩展。

**搞好水资源规划和管理,提高利用率**:从长远计,国家应考虑实施南水北调工程,以解决荒漠化地区缺水之需。当前首先要合理分配地表水资源,并用法律形式固定下来;其次要实行全面节约用水,既要建立节水型工业,更要建立节水型农业,最终建立具有全民意识的节水型社会。以协调生活、生产、生态用水之需。

**调整生产结构,提高生产水平**:根据社会自然及经济情况,合理安排生产比例,克服小农经济意识,宜农则农,宜林则林,宜牧则牧,改变那种全民搞饭吃,大家都养羊的单一结构,大力开展多种经营,因地制宜地发展种植业、养殖业、加工业及其他农村副业,发展商品生产手扩大商品流通,改变过去那种自给性、封闭性的经济,增加农牧民收入。要彻底改变荒漠化地区的耕作制度,扭转广种薄收、轮荒滥垦、粗作粗放方式,走精耕细作、少种高产的集约经营道路,实现高投入、高本技含量、高产出。

**分类指导,搞好植被建设**:第一,治理黄河中上游黄土丘陵地区的水蚀荒漠化。实行乔灌草结合,营造水土保持林、水源涵养林、薪炭林,保持水土,解决农民用材问题,适当发展经济林,增加农民收入。第二,治理沙地及由风蚀形成的荒漠化土地。在沙地和荒漠边缘营造防风固沙林、种植沙地灌木及草木植物,或采取工程措施,遏制土地沙化的扩展。第三,以恢复和扩大山地森林植被为核心,大力营造水土保持林、水源涵养林,建立多林种、多功能、高效益的防护林体系。

**保护天然植被,维护生态平衡**:首先,要严禁滥伐、滥砍、滥挖、滥垦,对荒漠地区林木,按国家有关规定,划定生态公益林,严格制止掠夺式开发经营,实施最严厉的保护措施,对生态脆弱地区被开垦的林地草地,必须有计划地退耕还林还草。第二,合理利用草场，建立草原保护体系，切实保护、积极改良和合理利用现有草场，实行以草定畜，草畜平衡；加强草原建设，提高草场产草量；加强管理，建立合理的利用制度，实行轮牧制度，禁止超载滥牧；对典型草原、荒漠草原以及绿洲边缘建立禁垦区，无水资源保障的禁止开垦沙荒地。第三，采取综合措施，切实解决农村能源问题。荒漠化地区农村能源短缺。要减少植被破坏、防止荒漠化的产生与蔓延，就必须有效地解决农村能源。当前只有改变现有的能源结构，立足当地资源基础，开发新能源（比如发展沼气池等），通过节制能源消耗，大力发展薪炭林，以解决农村能源问题。

**科学开发，合理利用荒漠化资源，发展区域经济**：荒漠化地区缺的是水，阳光、风能和矿产较为丰富，要根据这个特点作好保持水分平衡的产业文章，大力发展太阳能、风能发电业及荒漠景观旅游业，合理开发矿产业，适度发展种植、养殖业，限制以开采野生植物为对象的药业，既发挥区内的自然资源优势，又避免破坏环境，使人民脱贫致富。国家应将防治荒漠化作为国家基础设施建设的重要内容，加大投资力度。防治荒漠化，必须出重拳、下狠心，这样一个关系人民生命安全、社会稳定、民族团结、经济发展的事业，国家应当将其列为重点工程，重点投资。

## 当前亟需解决的问题

**“法制”为第一要旨**：亟需制定一部针对性强、操作性强、有力度的防治荒漠化方面的专门法律，以扭转荒漠化加剧、生态环境恶化的局面。现在虽然有些法律也涉及这方面的问题，但却是些零星的规定，有许多荒漠化的关键问题未能涉及，缺乏系统性，针对性不强，可操作性比较差。执法主体分散，不可能解决且实践证明也不能解决荒漠化加速扩展的问题，故此，就这一问题专门立法，十分必要。另一方面，要建立健全执法队伍，严格执行有关法律法规，打击一切破坏行为，减少荒漠化发展的人为诱因。

**“机制”十分重要**：防治荒漠化必须有有效的政策引导机制，

以动员和调动各方面的积极性。国家财政投入固然重要，但单纯依靠财政拨款或其它无偿投资必然经常面临“资金匮乏，力度不够”的困难，必然长时间停留在“小面积试验”的水平上，必然助长“等靠要”的思想而缺乏积极性、主动性。简单的行政命令的管理方式已经过时，如何通过先进的、科学的、符合荒漠化地区特点的政策机制，充分调动千千万万劳动者的积极性、创造性，调动相关企业的主动参与，调动各种财力、物力投入环境治理，是问题的关键所在。将荒山荒坡的使用权有偿转让，授权人在保证相应的环境措施基础上，按合同规定的用途使用土地，收益归个人所有。还有各种形式的承包制，盈亏责任制，目标管理，有关法人或个人联合治理、收益分成等。对环境治理的投入应该有相应的或较高的经济产出，只有在投入产出比高、有利可图或利润丰厚时，各种管理方法才可顺利推出，才能真正把环境治理变成广大劳动者的自觉行动。这就需要国家在税费上优惠，投入上倾斜。

**“工程”管理亟待加强**：“防沙治沙工程”实施已 9 年，经验很多，但问题也不少，一是投资撒芝麻面，没有重点；二是任务有安排，没有检查；三是资金投入(尽管量小)到位率低；四是植被建设有标准，但缺乏适宜品种选择和种苗的培育；五是技术成果有“本本”，但应用较少，凭经验，跟着感觉走等等，这些问题都亟待解决。目前，要搞好“九五”工程检查验收，总结经验和教训；要提前做好“十五”规划，突出重点，各个击破；在落实上，抓好三件事：把任务、技术手段、种苗落实到山头地块，把资金落实到位，做好年终检查验收；要实施改革，落实责任制，工程应实施县级政府长官负责制，逐步实行投资(或部分投资)以奖代拨，逐步实行项目报帐制。

**“科技”宜当先导**：科技为第一生产力，目前，防治荒漠化的科技工作应当着重解决两个问题，一是结合生产需要解决关键问题，如监测体系、技术支撑、保障环境、治理模式以及荒漠资源利用的逆向拉动战略等等，二是要将业已成熟的适用技术尽快实践推广。

## 荒漠化防治途径

**合理开发利用土地资源** 土地是人类取得物质来源最基本的对象。根据土地资源属性因地制宜的安排农林牧业生产，是人类生产活动最基本的规则。然而大量的实践证明，不合理开发土地资源等现象屡见不鲜。因此，根据土地适应性合理安排土地利用，做到宜农则农，宜林则林，宜牧则牧，才是防治荒漠化发生发展的基本途径。

**合理开发利用植被资源** 荒漠化发展与地面植被被破坏关系密切。荒漠化地区生态环境脆弱，林灌草植被是宝贵的生态屏障，然而过度放牧，滥挖药材，过量樵采，毁林滥伐现象十分普遍，致使草场退化、森林退化、盐渍化加重等荒漠化现象加重。合理开发植物资源，增加地表植物覆盖度，是防治荒漠化发生发展的有效途径。

**合理开发水资源** 水资源是干旱区最重要的资源，是否能合理高效利用，直接制约干旱区生态的稳定和经济的发展。我国荒漠化发展的原因与水资源不合理利用关系密切。一方面，农田的大水漫灌不仅造成水资源的浪费，引发沼泽化和盐渍化；另一方面，广泛存在的超量开采地下水的状况，加速风沙化的发展。今后防治的途径，则要开展节水高效农业体系建设，健全排灌体系，防治盐渍化建设，搞好上下游用水的规划和调控，留出生态用水和加强水资源管理。

**加强社会经济活动生态行为调控** 在干旱半干旱地区建厂、开矿、修建铁路、公路，进行基础设施建设，开发旅游资源等都必须遵循经济开发与环境保护同步进行的原则，进行社会经济活动的生态行为调控，否则将导致植被破坏，造成严重水土流失、风蚀沙化等荒漠化后果。

# 沙漠化防治技术

## 固沙技术体系

对沙漠的治理在于固沙，目标是使流动沙丘向半固定沙丘或固定沙丘转化，建立起稳定的沙地生态体系。

**生物固沙技术**：利用生物技术固沙是目前沙漠治理中最普遍的技术。它具有经济、持久、有效、稳定的特点；它能改善生态环境、改善土壤理化性质，促进成土过程；它还可提供生物产品，具有经济价值。

封沙育林育草恢复天然植被：在干旱半干旱地区，对原有植被造成破坏或有条件恢复生长植被的地段封禁起来，严禁人畜破坏，给植物以繁衍生息的时间，便能逐步恢复天然植被。在我国半干旱风沙地区，封育几年便可使流沙地达到固定状态，在呼伦贝尔沙地上樟子松封育取得了很好的效果。在荒漠绿洲边缘通过封育可建立灌草固沙带。在新疆、内蒙古、甘肃等干旱区域通过封育恢复胡杨、梭梭、柽柳天然林都取得了大面积的成功。敦煌周围通过封育恢复了几十万亩天然植被，改善了生态环境。实践证明，通过封育恢复植被是非常有效的，也是成本最低的措施，可在干旱、半干旱、亚湿润干旱区推广。封育同时可以辅以人工补植补种和管理，加速生态逆转，在植被恢复到一定程度时可进行适当利用。

①飞播造林固沙技术。利用飞播技术对半干旱区进行造林，具有速度快，用工少，成本低，效果好的特点，尤其对地广人稀，交通不便的偏远荒沙、荒山地区恢复植被意义重大。一架"运五"飞机一天播种量相当于500人一天的劳动量。我国自1985年以来，对榆林地区、伊盟地区、赤峰地区、阿拉善地区、河北、新疆阿尔泰及黄土高原大面积进行飞播造林治沙、建设草场、保持水土的应用，取得了巨大的成功，收到很好的效益，值得在半湿润、半干旱区推广。我国从1958年开始飞播治沙试验到1985年成功，已使我国的飞播技术进入世界领先地位。在降水不足200 mm的荒漠草原飞播沙拐枣、籽蒿、花棒也取得了成功。飞播受自然条件影响大，必须掌握飞播规律才能取得成功。需要解决的关键技术问题有：预测天气气候、选择立地条件、确定适宜的播区、确定适宜的植物种和播量，搞好种子的处理技术，同时要防治鸟兽病虫害、实施封禁保护等一系列措施。

②植物固定流沙技术。在半干旱草原和荒漠草原地区通过植物播种、扦插、植苗造林种草技术固定流动沙丘和半流动沙丘是最

基本的技术。治理的重点部位在沙丘迎风坡，这个部位风蚀严重，条件最差，最难固定。解决了迎风坡的固沙，整个沙丘就容易固定。经过实践，在草原地区的流动沙丘迎风坡可通过不设沙障而采取植物固沙方法来解决。

直播造林固沙：典型例子有榆林流沙上造林固沙实例，技术上要求幼苗达到一定密度（15～20 株/$m^2$），一定高度（15～20cm），一定面积（>1000$m^2$），就可以使沙丘固定。直播成功的植物种主要有花棒、杨柴两个沙生植物。可撒播，也可条播或穴播。

植苗造林固沙：在干草原流动沙地上采用湿沙层造林和合理密植的方法，便能使造林成功，1～2 年便接近郁闭并使流沙固定。陕西省定边草原区长茂滩林场秋天在沙丘上用沟植法密栽油蒿，成活率高，1～2 年便可形成沙障，使沙地固定。用紫穗槐一年生苗成行密植亦能形成活屏障，密植应垂直主风等高带状开沟栽植，可将流沙固定。沙地固定后可栽樟子松、油松等沙生乔木。

插扦造林固沙：陕西、宁夏流沙取用沙柳插扦亦能成活，可以直接固定沙丘。榆林群众用族式栽植法栽植沙柳，形成疏中有密的格局，即抗风蚀又解决水分不足问题。沙柳喜沙埋，怕风蚀，栽植需采取平茬方法，将枝条平铺在行内，造成积沙条件，才能保证其生长并固沙。

**工程措施（沙障固沙）**：沙障固沙：依据风沙移动规律，采用工程技术，阻挡沙丘移动，亦能达到阻沙固沙目的。应用较为普遍的技术是建立沙障。方法是用枝条、秸秆、砾石、粘土、板条、麦秸、塑板及类似材料在沙面地表设置各种形式障碍物，改变风蚀风积环境，减缓风力对地表的直接作用，以控制风沙流方向、速度、结构，达到固沙、阻沙、拦沙作用。同时，覆盖物对减缓水分蒸发也有一定的作用。

沙障能促进生物固沙，但在不同气候－生物类地区，作用有所差别。东部半干旱沙区条件较好，沙障能为造林创造稳定的地表环境，提高造林成活率、保存率及生长量，沙障失效后植物可继续起固沙作用；而在半荒漠地区沙障的作用更明显，这里必须采取植物固沙与沙障相结合的措施，二者相辅相成，防沙固沙才能稳定与维持，单靠植物已很困难；在荒漠地区，条件严酷，植物自然生长条件差，要防止沙害，应主要依靠工程措施，而辅于生物措施。

沙障类型：根据防沙原理和设置方法不同，沙障可分为平铺式沙障、直立式沙障两类。直立式沙障因高矮不同又可分为三类：高立式沙障，障碍物高出沙面 50～100 cm；低立式沙障，障碍物高出沙面 15～50cm，也叫半隐蔽沙障；隐蔽式沙障，障碍物几乎全部埋入沙中与沙面或仅露出顶端。高出沙面 100cm 以上的方沙土墙和更高的防沙栅栏也属高立式沙障范围。

平铺式沙障是利用柴草秸秆、卵石、粘土等全面或带状平铺于沙表。隔绝风与沙表的接触，造成风虽过而沙不起的效果。草秸平铺，能达到原地固定流沙，保护植物生长作用。但对风沙流中的沙粒阻截作用不大。这种措施在东部半干旱地区能促进植物生物生长，在西部干旱地区则可增加沙地水分，有利于沙土改良。用卵石盖沙，既利于水分下渗，又可防止水分蒸发，能改善沙地水分。立式沙障为积沙型沙障，当风沙流受到沙障阻碍时，风速都会下降，夹带的沙粒就会沉积一部分在沙障前后，从而减少输沙量。配置多行立式沙障可起到固定障间沙地和拦截运动中沙粒的作用。依据绝大部分运动沙粒在近地表 30 厘米内，多数又在 10 厘米高度内移动规律，因此不需要设置过高沙障就可以固沙和控制风沙流，防止危害。沙障结构(即透风程度)对风沙流有很多方面的影响。立式沙障按结构分为透风、紧密、不透风三种结构。不透风沙障积沙范围小，沙粒沉积在沙障两侧，沙堆高陡。透风沙障积沙范围广，沙粒主要沉积在沙障后，障前积沙少，或不积沙，沙堆平缓，顺风向延伸，积沙时间长，积沙量大。紧密沙障积沙程度则在二者之间。

隐蔽式沙障起着控制风蚀基准面的作用，使沙地形态不致发生大的变化，但仍然不能消除沙地遭受风蚀。根据经验，风蚀最大深度约等于两行沙障间距的 1/10。

为提高沙障阻沙固沙效益，应重视沙障的空间布局形式。试验证明，沙障设置应与主风向垂直，设置形式可用行列式、格状式，有时用人字形。在单向风害地区用行列式配置；有两个垂直风向害或多风向风害时则用网格状配置。沙障间距大小的设计与障高、坡度、风力密切相关。沙障高，风速小，地形平缓者，沙障间距可大。反之，间距小。沙丘面积大，常铺设半隐蔽沙障，并以 1m 正方形格状沙障为最多，效果也好。

**化学治沙技术**：利用化学材料及工艺，采用喷洒等新技术，对沙质地表建造一层能抗御风蚀和保水的固结层，达到固沙治沙之目的，这一技术称为化学治沙。方法是将固沙化学物质稀释，均匀地喷洒于沙地表面，随着水分迅速下渗，化学物质滞留在一定厚度（1～5 mm）沙层间隙中，形成一层坚硬的保护壳，以增强沙表抗风蚀能力，达到固沙目的。目前化学物质主要有石油产品（沥青等）、高分子聚合物、粘土浆等固沙材料与物质。

## 防护林技术体系

干旱半干旱区不仅存在着广阔的沙漠、戈壁、盐渍化土地，必须通过综合治理技术体系加以治理，同时也具有众多的农田、绿洲、草场和城市、工矿等人类生存发展的区域单元，经常受到风沙的侵袭，为了确定人类生存空间，必须与风沙灾害相抗争，有效的技术体系是建立防护林体系。

**绿洲防护林体系建设**：绿洲是干旱区人类社会经济生活的核心地域，绿洲农业为其产业主体，没有灌溉就没有农业的区域。其生存和发展必须有防护林体系来维护。绿洲防护林体系原则上由三部分组成。一是绿洲外围的封育灌草固沙带；二是绿洲边缘骨干防沙林带；三是绿洲内部农田林网及其他有关林种构成的农田防护林。

封育灌草固沙带：该部位处于绿洲最外防线，与沙漠戈壁直接连接，地表疏松，是风蚀风积都很严重的生态脆弱带。为制止就地起沙和拦截外来流沙，需建立宽阔的抗风蚀、阻流沙的灌草带。其方法，一靠自然繁生，二靠人工培育，实际上常是二者兼有之。灌草带必须达到一定空间规模、一定的高度和盖度才能发挥固沙防蚀，削弱风速的作用。其必要的宽度，至少不应少于 200 米。宽度越大，效果越好。当然，防护宽度还要与实际可能相结合。灌草带形成后，一般都有很好的生态效益及一定的经济效益，但利用时要控制强度，不能影响防护作用的维持和正常更新。

绿洲边缘骨干防护林带：它是第二道防线，位于灌草固沙带和农田之间。作用是继续削弱越过灌草固沙带的风速，沉降风沙流中剩余沙粒，进一步减轻风沙危害。此带因立地条件不同差异很大，不能强求统一模式。造林不需要灌溉的地方，即当沙丘带与农田之间有广阔的低洼荒滩地时，可大面积造林，应用乔灌结合，多树种混交，形成实际上的紧密结构。树种的选择非常重要，在大沙漠边缘、低矮稀疏沙丘区以选用耐沙埋的灌木，其他地方乔木为主，乔灌结合。主要有小叶杨、旱柳、黄柳等，生长慢的树种不宜采用。为防止背风坡脚造林受到过度沙埋，应留出一定宽度的安全距离。其宽度计算公式为：

$$L=\frac{h-k}{s}(v-c)$$

式中 $L$ 为安全距离(m)；$h$ 为沙丘高度(m)；$k$ 为苗高(m)；$s$ 为苗木年生长量(m)；$v$ 为沙丘年前近距离(m)；$c$ 为沙埋苗木高 1/2 处水平距离(m)。

根据生长快慢取 0.4 或 0.8；若地势不宽，林带较窄，林带应为乔灌混交林或保留乔木基部枝条不修剪，以提高阻沙能力。营造多带式林带，带宽不必严格限制，带间应育草固沙。

造林必须灌溉的地区，因水分限制，林带都较窄，20m 左右即可，但在外缘沙源丰富，风沙危害严重的地带应营造多带式窄带防沙林。其迎风面要选用枝叶茂盛抗沙性强的树种。如果上述第一道防线作用很强，第二道防线则以防风为主。第一道防线前期防护效果差;第二道防线便需要有较大宽度,乔灌混交,紧密结构。如林内积沙,则要加以清除并铺洒在背风面。

绿洲农田防护林网:农田防护林网对制止风蚀,维护绿洲稳定,提高农业生产有重要意义。农田防护林网能调节农田小气候,起到控制土壤风蚀,保证地表不起沙的作用。起作用大小取决于林带间距。根据不起沙的要求和实际观测,应设主林带和副林带。主林带应与主风力方向垂直布设,副林带则与主林带直交,共同构成农田林网。实践证明,建立窄林带、小网格护田林网效果最好。主带间距 200～300 m,副林带间距 500～600 m。窄林带的标准是乔木林由 2～3 行乔木组成,最多不超过 5 行。只要农田林网体系健全,绿洲都能实现稳定和高产的目的。

**沙区牧场防护林体系建设**:我国沙区草场广阔,潜力极大。但因气候干旱,条件恶劣,加上长期过牧,草地荒漠化最为严重。赤峰等地研究与实践证明,建设草场防护林对于防止草地沙化的发生,恢复生产潜力有积极意义。牧场防护林的建设,一是要对防护林的布局结构进行合理设计,二是要因地制宜实施造林技术。

防护林的合理布局:牧场防护林的布局应从防护效益出发设计,一般应设立主副林带,主林带是阻挡风沙的主带,应与主风方向垂直布设,副林带则从林网结构出发,与主林带直交布设,形成林网结构。林网结构的疏密程度对防风固沙关系密切。主带距取决于风沙危害程度。不严重者林带距为防护林树高的 25 倍,严重者主带距可为树高的 15 倍。副带距根据实际情况而定,一般 400～800 m。灌木带主带距 50 m 左右。林带宽度:主带 10～20 m,副带 7～10 m。林带的宽度与疏密布局,还应因区而异,东部林带 6～8 行,其中乔木 4～6 行,每边再加一行灌木,呈疏透结构,或无灌木的透风结构。造林密度还取决于水分条件,条件好可密些,否则要稀些。西部干旱区林带不要求郁闭,且应以灌木为主。

造林技术:草原造林必须整地。为防风蚀可带状、穴状整地,整地带宽 1.2～1.5 m。土壤的钙积层要打破。整地必须在雨季前,造林在秋季或次春。开沟造林效果好,先开沟,沟底挖穴。树种应用 2～4 年的大苗,三年保护,旱时尽可能灌水,夏天除草中耕蓄水。灌木要适时平茬复壮,在网眼条件好的地方,可营造绿伞片林,既为饲料林,又作避寒暑风雪的场所。有流动沙丘存在时要造固沙林,固沙后可做饲料林。在畜舍、饮水点、过夜处等沙化重点场所,应根据畜种、数量、遮荫系数营造乔木片林保护环境。饲料林可提高抗灾能力,提高生产稳定性,应特别重视。在家畜转场途中应适当营造多种形式林带,既为环境提供保护,又可临时补充饲料。

**沙区铁路防护林**:对沙区铁路进行沙害防护具有重大现实意义及政治与经济意义。我国在该领域处于世界领先的地位。沙坡头铁路固沙获"科技进步特等奖"、"全球环境保护 500 佳"称号,铁路固沙推动了治沙事业。铁路沙害主要是风蚀路基,线路积沙,磨蚀机械,影响运行操作等方面。线路积沙是最普遍的沙害,积沙能造成机车脱轨,磨蚀危害将造成机械设备的损坏,风沙还影响司机视线、巡道和维修作业,常造成运输中断,带来损失。

铁路防护体系:

①草原沙区铁路防护体系。在水分条件较好,有植物生长条件的地方,以植物固沙为主,机械固沙为辅。防护带宽取决于风沙危害的程度,防护重点在迎风面,一般以多带式组成防护体系。带宽在 20m 左右,带距 25m 左右。带内要除草,带间要育草,林带外缘应留出一定宽度的育草固沙带。林带要有专人保护,严防人畜破坏。视危害程度,林带的迎风面可分别设 5 带、3 带到 1 带,背风面设 3 带、2 带到 1 带。树种的选择上,东部半湿润区应当乔灌结合,西部半干旱区应以耐旱灌木为主。条件差的立地,初期可设立沙障(包括平铺式、半隐蔽式、立式沙障等)保护苗木。栽树前必须先设障固沙,防护林建成或不需再设沙障。

②半荒漠沙区铁路防护体系。半荒漠沙区铁路长度截至 1995 年有 750km,沙坡头可做为铁路防沙代表。该区年平均降水不足 200mm,蒸发 3000mm 以上,年起沙风有 900 小时,沙丘高大,流

动性强，水位深，对铁路造成巨大威胁。为防治风沙危害，中卫固沙林场经 30 年实践，建成了迎风面 300m 多，背风面 200m 多，共 500m 多的、五带一体的铁路防护体系。具体为：固沙防火带－灌溉造林带－草障植物带－前沿阻沙带－封沙育林带。

固沙防火带：紧靠路基。由于在此段铁路上目前运营的机车仍为蒸汽机车，所以在路基迎风面 20m，背风面 10m，清除植物（易燃物），整平沙丘，铺设 10～15 cm 厚的卵石、黄土或炉渣；

灌溉造林带：处于固沙防火带外侧。利用紧靠黄河的有利条件，提水灌沙丘。在固沙防火带外侧迎风面 60 m，背风面 40 m 范围整修梯田，梯田设障，灌水造林；树种以灌木为主，乔灌混交，要适时灌水。

草障植物带：在灌溉造林带外侧、迎风面 240m 左右，背风面 160 m 左右范围内，建设草障植物带，流沙地全面扎设 1m×1m 麦草方格沙障；然后二行一带，进行株行距 1m×1m，栽植沙生旱生灌木（花棒、柠条等）。由于草沙障会腐烂分解，实际上沙障、造林都不可能一次成功，需反复多次，才能成功。

前沿阻沙带：为保护草障植物带的安全，需要在其外侧用高立式沙障建立前沿阻沙带，材料可用柳条。地上障高 1m，地下埋 30cm，加固成折线形，设置在丘顶或较高位置，起阻沙积沙作用。

封沙育林带：在阻沙带外侧迎风面百米范围内，对局部沙丘的迎风坡采取封沙、设障、栽灌木的方法，促其自然繁殖，减轻阻沙带压力。上述 5 带防护林体系的建设所以能成功，与管理关系密切。建立了专门护林机构，始终实行严控管护，严禁人为破坏。因各地条件不同，不必照搬 5 带，但草障植物带是必备的核心部分。

③荒漠地区铁路防护体系。我国目前尚无穿越过大沙漠的铁路。铁路在穿过戈壁时常有多处风沙危害现象，特点是来势猛、堆积快、形成片状积沙。

在无灌溉条件的地方只能依靠机械固沙措施，西宁－格尔木铁路局部地区采用高立式多列式竹篱防止风沙危害，兰新线三十里井—巩昌河区间，建立灌溉植物防护带，均获成功。带宽视沙害程度而定。视危害严重、一般到轻微，迎风面可设 3 带到 1 带，背风面设 1 带。林带宽一般 30～50 m，林间距一般 40～50 m。树种应乔灌结合，前密后疏的布设。造林通常采用开沟挖土积沙造林技术。造林需灌水，栽后亦要适度灌水，一般半月一灌，依次 $80m^3$/亩。带间应育草，严加保护管理。

## 我国风沙区造林树种的选择

我国沙漠化防治实践证明，通过建立人工植被或恢复自然植被以固定沙丘；通过封育保护天然植被以防止沙漠化趋势的发展；通过营造大型阻沙林带以阻止绿洲、牧场、城镇、交通及其他经济设施免遭沙害侵袭；通过营造防护林网保护农田绿洲和牧场稳定，并防止土地退化，被证明是防沙治沙、改善生态环境、提高沙区产业化水平最有效和最基本的途径。然而，由于我国沙区面积辽阔，地域分布明显，立地类型多而复杂，因此，防沙造林应该因地制宜地选择造林树种，才能使造林防沙获得成功。

通过造林途径防止沙漠蔓延及风沙危害，是促进荒漠化向绿洲化发展的基本途径。为达到这一目标，应实施因地类不同而选择不同树种的原则，做到适地适树，才能达到造林防沙之目的。

**流动沙丘造林树种的选择**：流动沙丘的地表形态，大都有沙丘及丘间低地（沙湾）构成。沙丘极度干旱，流动性大，持水能力低，直接造林极易风蚀，较难成效，造林应辅以沙障等人工措施。所选树种应该耐沙埋、耐瘠薄、萌发力强和速生的树种。

半干旱草原和荒漠草原区沙丘的适生树种主要有：白榆、沙柳、踏郎、花棒、柠条、沙棘、苦豆子、沙蒿等乔灌木。

适于干旱及极干旱区的树种主要有：沙拐枣、头状沙拐枣、梭梭、红砂等。沙丘间的低地（沙湾），造林立地条件稍好，造林成功率高，造林树种可选择耐旱沙生抗沙埋并具有一定经济价值的树种。

适于半旱草原地区的乔木树种主要有：小叶杨、小青杨、加拿大杨、白榆、旱柳、樟子松等，灌木及半灌木种属有油蒿、籽蒿、山竹子、沙棘、柠条、沙柳、乌柳、花棒等。

适于干旱半荒漠(荒漠草原带)的乔木树种，主要有小叶杨、新疆杨、二白杨、白榆、旱柳，灌木树种有油蒿、籽蒿、柠条、花棒、毛条、奎柳、踏郎、红砂等；适于极干旱荒漠区的乔木树种有新疆杨、青杨、白柳、白榆、胡杨、小叶杨、沙枣，灌木主要有沙拐枣、柽柳、梭梭、红砂等。

**阻沙林带树种的选择**：绿洲外围与戈壁、沙漠等风蚀地相毗连的地带，是造成流动沙丘和风沙流对绿洲危害最主要的地段，也是沙尘暴繁盛的主要区域，需在此地段营造大型防风阻沙林带。视沙丘和风蚀状况，林带可为片林、块状林或带状林。通常应造乔灌混合林，但在荒漠区域，灌木的比重应增大。主要备选树种有沙枣、小叶杨、二白杨、青杨榆树等，灌木树种有梭梭、柽柳、沙柳、柠条、花棒、沙拐枣等。

**农田防护林造林树种的选择**：农田防护林所选树种应与区域环境和地段环境相适应，一般应因地制宜选择速生树种，依据中国绿洲的地域差异，乌兰布和沙区和河套灌区以旱柳、加拿大杨、小叶杨、钻天杨、箭杆杨、榆树为主；腾格里沙漠东南缘各绿洲主要是箭杆杨，河西走廊绿洲是二白杨、新疆杨；新疆诸绿洲以新疆杨、钻天杨、白柳；柴达木盆地的绿洲以青杨等为主。在林种选择上，应重视林种混合，亦应考虑灌木的合理配套，才能使防护林成为稳定和抗病虫害的防护林。

## 水蚀荒漠化综合防治技术体系

中国自大兴安岭—燕山—太行山以西，是水土流失严重发生区域。我国西北部干旱区水土流失(水蚀荒漠化)面积约 $20.5\times10^4km^2$，其结果是土地退化，严重时丧失生产能力，并引发河道淤积、危害下游平原安全。该区水土流失具有很强的地域分布规律和地段分布规律。干旱区的山地，与其它地域的山地一样，从山地的坡麓至山顶，随着海拔高度的上升，温度会以海拔高度每上升 100m 而下降约 0.5℃，而降水量则会随着高度的升高而增加，至雪线附近达到最大。这种气温、降水随着高度的变化结果，会将山体分异出若干垂直地带。山麓为基带，生态环境特征与山体所处区域位置的特征一致。处于半干旱地区的山地，如天山基带为荒漠。一般而言，草原为基带的山地，从山麓至山顶会分异出丘陵、低山为草原景观，中山为森林草原景观，高山为草甸景观；荒漠为基带的山地会分异出丘陵为荒漠景观，低山为荒漠草原景观，中山下部为草原景观，中山上部为森林草原景观，高山为草甸景观，极高山为冰川景观。

不同自然地带的景观各异，具有不同的生态功能和利用方向。草原利用方向是牧草业，森林草原为林业、牧业，高山草甸为高山畜牧业。森林草原和高山草甸，尤其是森林，是干旱地区水源涵养的主要地带，起着稳定水源、保障绿洲的特殊作用。依据山地垂直分布规律原则进行资源合理开发利用，是制定荒漠化防治技术的基本前提。

人类不合理利用山地资源现象十分普遍，表现为不合理的开垦坡地、山地草场超载放牧，导致水土流失加重，自然灾害加剧等荒漠化问题。对于水蚀荒漠化治理，必须采取综合防治措施，主要包括：封山育林、育草，营造水土保持林，并辅以适当的水土保持工程措施等。从既控制水土流失，又提高土地生产潜力出发，建设植被防护体系应是较好的途径。

### 植被的水土保持作用

植被对减缓土壤侵蚀及水土保持作用极为明显。自然界植被一旦遭到破坏，土壤侵蚀就会加剧。植被的水土保持作用包括植物地上部分（枝叶）对降雨侵蚀力的削弱、地表枯落物减缓冲刷、调节径流、涵养水源、缓和洪水过程以及植物根系固结土壤、改良土壤、提高土壤抗蚀力等方面的作用。植被在这方面的功能主要表现在以下几方面：

**拦截雨滴**：裸地上空降雨时，雨滴直接打击表土，破坏土壤结构，使土粒溅移，植被茂密的地方，植物地上部分的枝叶干能够拦截降雨使雨滴不能直接打击表土，并且降低雨滴的终点速度，因而能有效地削弱雨滴对土壤的破坏作用。

森林、草地地表通常有一层枯枝落叶层，能起到保护土壤、增加地表粗糙率、分散径流、减缓流速、涵养水源等作用。例如对甘肃省西峰水保站王家河流域（流域面积 45.78$km^2$，森林覆盖率为 90%）与党家川流域（流域面积 45.7$km^2$，无林区）的典型洪峰过程线分析表明，有林地的王家河流域的洪峰过程线为缓起缓落型，无林的党家川为猛涨猛落型。王家河洪水历时比党家川延长 1～3 倍。此外林区的王家河流域 10 月份至翌年 5 月径流深较无林区的党家川大 11.5%（1962 年）（《中国荒漠化报告》，1997）。所有这些足以说明森林具有良好的水土保持和涵养水源的水文效应。因此林区的土壤侵蚀较轻或无土壤侵蚀。

**固结土体**：植物根系对土体具有良好的穿插、缠绕、网络、固结作用。尤其是混交林，由于不同的植物根系分布深度不同，更能促进表土、心土、母质和基岩连成一体，增强土壤的固持能力，减少土壤冲刷。据实际测定，50 年生的落叶松的单株根系由土体拔出需要 $1.8\times10^4$kg 的拉力，足以说明根系对土壤的固结作用。

**改良土壤**：林地和草地的枯落物腐烂后可以给土壤表层增加大量的腐殖质，有利于土壤团粒结构的形成。同时植物根系能增加土壤空隙度，提高土壤透水性和保水量，增强土壤抗蚀、抗冲性，从而起到减少地表径流和土壤冲刷的作用。

## 封山育林育草技术

对山地的自然资源进行合理利用是保持山地自然环境良性发展的基本保证。然而，人类在开发山地资源过程中，往往图近利而采取掠夺式的利用方式，致使资源的利用超过更新能力，环境的建设赶不上环境的破坏,局部山地的环境已演变至影响下游绿洲生存的危急局面。对严重退化的山地类型进行防治,实施育草育林技术,对于培育山地资源,稳定和发展区域环境,十分必要,封山育草、育林的对象,应依照山地水分温度条件的垂直分异,因退化程度确定。

**育林类型与育林技术**:育林应选择能天然更新的宜林地类型。适宜育林的类型在干旱半干旱区只有中山森林宜林地。育林的基本技术是:对严重退化的林地进行封育,严禁砍伐;采用播种营造技术,帮助林相差的林地提高种群数量;对宜林而无林土地进行移栽乔木,人工抚育,逐渐扩大森林面积。

**草场退化类型**:育草应依据退化程度分别进行,其基本类型有:

*严重破坏的低山草原*:认识标志是草场的建群物种已由半干旱生的草本群落退化为旱生的草(本)灌(木)群落;草场的覆盖度严重降低,地表出现裸露土地;草场质量下降,产量降低,承载能力大为减少。

*严重退化的中山森林草原*:森林草原分布于高大山体的中山地带,阳坡一般为半湿润草甸草原、阴坡一般为森林,故统称为森林草原类型。识别严重退化的标志是:水土流失明显,局部地段出现裸地,森林面积大大缩小,森林分界线大大上升;林相不整齐,成林乔木稀疏;森林片层结构简化,逐渐由整齐复杂的乔木－灌木－草本层片向灌木－草本层结构转化,极严重时,仅有草本层片;森林幼苗比重下降,更替活力不足;森林蓄积量下降,生产力减低。与森林退化同时,草原草甸严重退化的标志是:群落建群品种由中生或旱中生草本退化为半旱生草本;群落品种种类减少,结构向简单化方面转化;生物量减少,承载能力大为降低。

*严重退化的高山草甸*:高山草甸通常有高山灌丛草甸与高山(草本)草甸两大类,往往是牧区夏季优良草场。利用过度会引起严重退化,标志是:地表出现裸露斑块,生物产量显著降低;水土流失较为显著,片蚀、沟蚀特征明显。

*重退化的丘陵荒漠草原*:荒漠草原多分布于干旱地带的丘

陵，生态十分脆弱，生产潜力低下，是可利用强度低的一种草场。因处在山地下部，牧业利用较为频繁，退化现象十分突出。严重退化的标志是：草场类型退化为荒漠；草场生产潜力十分低下，产草量极低；风蚀水蚀景观均表现强烈，呈现一片荒漠景象。

**育草类型与育草技术**：凡是严重退化的中山草甸草原、山地草原和丘陵荒漠草原，都要实施育草技术，以求恢复良性发展的生态环境。但育草技术应有所区别。中山草甸草原因水湿条件较好，进行生态恢复整治较易进行，封山育林可以在夏季放牧旺季进行，实施季节制的封育；草场改良可采用分区轮牧，建立草库仑的技术；局部地段可采用人工种草等技术。山地草原类型的严重退化地段应实施全封育措施，严禁放牧，直至草场生产潜力大大提高后方可进行有节律的利用；对一般退化草原草场则可实施划区轮牧制；其它技术是建立草库仑及打草场；局部草场可进行人工种草、补播等技术；高山草甸退化草场，主要应进行分区轮牧，减轻放牧强度；严重退化地段实施全封闭禁牧等等。丘陵荒漠草原草场，最主要的措施是采取封育和严格控制放牧规模的管理技术。

## 水土保持林营技术

营造水土保持林对于综合治理水土流失有举足轻重的作用，被认为是山地生态环境建设的主题技术。该技术要解决的关键环节是：水土流失类型的确定；水土保持林类型的选择；水土保持林树种的选择及其造林技术。

**水土流失类型的确定**：不同的地貌条件，尤其是不同的地表形态和不同的物质结构，对土壤侵蚀的成因与过程影响很大。因此有针对性地确定水土流失类型，便十分必要。依据水土流失与地貌条件的关系，可划分为坡面水土流失类型和沟谷水土流失类型两大类，水土保持林的营造，因而也可划分为坡面水土保持林和沟谷水土保持林两类。类型的不同，则营造技术、管理、维护也会不同。确定水土保持林类型，这是首先应明确的事情。

**水土保持林类型的选择**：水土保持林类型选择是否正确，将直接决定水土保持林的营造是否成功及其效益的发挥。水土保持防护林类型，一般分为乔灌草混合结构防护林、灌草复合结构防护林、草本结构防护林三大类。乔灌草结构类型因层片结构复杂，水土保持效益最好；灌草结构类型，层片结构只有灌木层和草本层二层，水土保持效益稍逊；草本结构类型，层片结构只有草本层，挡土拦水功能较差；但不论那种类型，都能起到明显防治水土流失的作用。上述类型所要求的立地条件，乔灌草型为半湿润或湿润的水分条件，土层较厚(50 cm 以上)和土质不粗(非沙质)的土壤条件。灌草类型属乔灌草型退化类型或本身处境为半湿润薄土层立地条件，草本类型则多为乔灌草类严重退化所致或土层浅薄，难于生长乔、灌的土地。由此可见，不同的立地条件决定了类型的生长环境，亦是造林类型选择的基本准则。依据类型选择的这一准则，对水土流失较轻，土层较厚的半湿润土地，以营造乔灌草混合型水土保持林；土层薄，半湿润—半干旱山地，以营造灌木草本为主要建群群落的水土保持林。土层薄，半干旱山地，亦建立草本性水保类型。当水土流失逐步得到控制，立地条件不断改善后，水土保持的营造方向应逐渐从草本型向灌草型至乔灌草类型转变。

**水土保持林树种的选择及其造林技术**：水土保持树种的选择应贯彻适地适树原则，应根据立地条件选择树种。对水湿条件好，土层较厚的宜林地，均应营造乔木林，类型应达到乔灌草有机结合。乔木数种主要有山杨、松、柏、榆、刺槐、冷杉等；对土层较薄水湿条件较差，营造和培育乔木较难的宜林地，应以营造灌木为主要方向，待立地条件改善后，再营造乔木树种。灌木树应因地制宜选择，基本种类有柠条、沙棘、沙柳、紫穗槐、柽柳、胡枝子等；对于那些因利用过度，立地条件已严重退化的宜林地，应先封育恢复草本植被，控制水土流失，尔后逐步营造灌木林和乔木林。

不同树种在造林技术上虽然有所不同，但就整体而言，造林技术应掌握如下环节：

①造林季节应选在降水较多而蒸发较小的生长季节，主要是春季和秋季；

②造林方式上，应根据可能和可行性，有针对性地选择苗木移栽，还是种子直播；

③造林管理上，应时造林，应时浇水，生长期防虫，并防止人为滥砍、滥伐和滥垦；

④实施与造林相适应的其他配套技术，如建立苗圃、机械点播、营养钵育苗、种子采育等。

# 盐渍荒漠化综合防治技术体系

## 盐渍荒漠化的形成机制

盐渍荒漠化过程又简称为盐渍化过程，是指土体上部宜溶盐类的聚集过程，是干旱半干旱地区荒漠化的主要过程之一，多见于各盆地盐湖周围洼地、河流冲积平原及洪积扇边缘地带。盐渍化过程包括盐化和碱化两个不同的过程。盐化过程是 $NaCl$、$Na_2SO_4$、$MgSO_4$等盐类在表层及土体中的积累过程。碱化过程则是土壤胶体中含有较多的交换性钠，使土壤呈强碱性反应，并形成一个土壤颗粒高度分散的碱化层。碱化过程往往与脱盐过程相伴产生。

我国内陆盆地地形封闭、第三纪沉淀物和第四纪沉积物中都含有易溶盐；流入盆地的各河流也都携带易溶盐；加上气候干旱，降雨稀少，蒸发量大，土壤积盐过程便易发生。在地下水和地面水的双重作用下，将盆地周围高处的盐分搬运到湖泊周围及河流冲积平原排水不畅的低洼地区积聚。在强烈蒸发作用下，盐分向地表集中，形成盐渍荒漠化景观。我国盐渍荒漠化的发生随着干旱程度的从东向西增加而加大。我国盐渍化面积据防治荒漠化普查数据，20 世纪 90 年代已达到 $23.3\times10^4hm^2$，呈扩大发展趋势，就其原因，主要是人们不合理的利用水资源，引起地表面含盐量上升所致。调控人类行为,科学和合理的利用水资源,是今后防治盐渍化的主要方向。

## 盐渍荒漠化综合防治技术

针对盐渍化形成的原因,其改良途径应围绕降低地下水位、改良土壤物理化学性状和减少蒸发三方面,改良技术主要有水利工程改良、生物改良、农业改良、化学改良等技术。

**水利改良技术:**

建立健全蓄灌排工程体系:应根据各地区的特点,修建水库、灌水渠道和排水网络。一般是在河流的上段修建蓄水防洪设施,中段修建涵闸,衬砌进水沟,下游灌区建设健全输水和排水设施。

改盐的措施:改盐的措施,是指用水洗的方式降低土壤表层盐分,尤其是作物根系活动层的盐分含量,措施包括压盐和排水洗盐。

压盐:指在农田灌水时,溶解并淋洗土体上层的盐分到底层。此法适用于土壤盐渍化程度轻、面积小且不连片、地下水位较深、土壤透水性能较好的地段。由于此方法未将盐分彻底排出土体,故宜在地下水位较深时期进行。在无排水渠系的条件下,一般不实施压盐技术,因为农田每灌水一次,地下水位提高 30～50cm,达不到压盐的效果。

排水洗盐:指农田通过灌水排洗去土壤中的盐分。此法适宜于土壤含盐量较高、盐化面积大、土质较粘、透水性能较差的地区。排水方法可分为水平排盐和垂直排盐。

水平排盐:有明沟排水和暗沟排水。一般情况是排水沟(管)越深,控制地下水位作用越大;排水沟(管)间距越近,土壤中水盐受排水沟的作用越明显。排水洗盐由两个过程组成,即土壤盐分溶解于水和排出已溶解有盐分的水。故在洗盐排水前,必须注意以下几点:

①充足的淡水水源。矿度化较高的水只能在冲洗极强的盐渍土的初期使用,之后必须用淡水冲洗;

②排水沟的设计与建设。排水条件差、地下水矿化度高的地

段，排水沟应在 4 m 深以下，沟间距应小，200～300 m 较好，草甸盐土土质粘，须隔开 50～100 m 宽便设沟排水；排水条件较好的地段，排水沟挖到 3 m 左右即可，沟间距 450～500 m。如果是质地较粗或有流沙层，排水沟边坡一般不应小于 1∶1.5；

③平整土地。地面不平，洗盐效果差。根据地形修建格田或冲洗田，四周筑埂，然后平整土地，高插不应超过 4 m；

④改变土壤透水性。盐渍化土体内往往有沉积夹粘层，可在作物根系主要生长范围内，深翻土地，打破粘夹层，排盐效果较好。而对沙性大的土壤，水分很快流出土体，洗盐效果较差，须在洗盐前压实土体，提过脱盐效果；

⑤洗盐时间。一年中，一般以地下水位低、地温高、洗盐水量充足的季节最适宜。洗盐连续进行为好。西北干旱区一年中常出现两次地下水位升高期。一般是 3 月底到 5 月中旬，这段时间地温逐渐升高，土壤解冻，地下水位升高，此时洗盐效果差；二是 6～8 月，河流来水量大，地下水位上升，不利于排盐洗盐。9 月份地下水位较低是洗盐的最佳时期，特别是对硫酸盐的洗盐效果最好，因为此期月气温和地温较高，盐分溶解大，而地下水位下降；

⑥洗盐定额。灌水量过小，不能将土壤中的盐分溶解并将其淋洗到土体外；但水量过大，不仅造成水的浪费、土壤养分流失，而且容易造成地下水位上升，地表返盐。洗盐水量应根据各区降水和土体盐分状况而定，据柴达木盆地各农场多点试验，洗盐定额每公顷 6000～7500 $m^3$(400～500 $m^3$/亩)为宜，格尔木土壤改良试验结果表明，冲洗定额每公顷 8000 $m^3$(533 $m^3$/亩)脱盐率最高；

⑦冲洗次数。冲洗次数不易硬性规定，亦要因地制宜。如格尔木农场的试验表明，小水量多次冲洗的效果并不好，一般冲洗次数 3～4 次的脱盐率较好。对透水性快、沙性大的土壤，必须加大水量，冲洗 2～3 次；而对透水性慢的粘质土，冲洗次数 4～5 次为宜。冲洗时第一次冲洗水量应大一些，以后各次可适当减少；

⑧冲洗时间间隔。间隔过短，容易造成地下水位上升，间隔过

长，土壤蒸发引起地表积盐。一般而言，夏秋季地下水位较高，每次洗盐间隔 3～4 天较好；冬春季地下水位低，土壤温度低，每次洗盐间隔 5～6 天为宜。

竖井排灌：可以起到洗盐和排灌两方面的作用，但需要一定环境条件。竖井的水文地质条件为：在接近封闭半封闭且蒸发量大的冲洪积平原带，在潜水层和承压水层间有一隔水层，此层上部土壤盐渍化重，地下水位高，地下径流缓慢，此层下有较厚的承压含水层，且矿化度不高。表层潜水与承压水间有一定的水力联系。柴达木盆地及干旱区的许多盆地的山前细土带有些地区水文地质条件符合上述条件，可以采用竖井排灌。但有的地区土体上层滞水严重或竖井涌水量差，排水效果不好，则不宜竖井排灌。排灌的地段布局上，洪积冲扇中下部地势相对较低，应以排为主，灌溉为辅；在冲积扇上部即山前平原采用竖井排灌，可以减少区外引水，并能改善其中下部地下水的状况。柴达木盆地尕海灌区具备上述条件，用矿化度 0.73 克/升的混合井水冲洗盐土，效果非常好。

合理的灌溉技术：干旱半干旱地区的次生盐渍化，主要是由于灌溉不合理引起的，目前农田灌水多采用大水漫灌的方法，不仅浪费水，又使地下水位上升，引发盐渍的加重。如格尔木地区，在大水漫灌下，地下水为每年上升 0.2 m，地表盐分增加 0.1%。如果将大水漫灌改为畦灌，可以减少土壤次生盐渍化的发生。

**生物改良技术**：通过生物措施，可以达到减轻盐渍化的危害目的，主要途径是在盐渍化土壤上植树造林、种植绿肥牧草和耐盐作物。通过生物防治技术，可以达到降低地下水位、减少地面蒸发、改善土壤理化性质的作用。

营造防护林：防护林能有效防止盐渍化的发生。它的作用第一是能防风固沙、减少蒸发、改善农田小气候，使防护近地层的风速降低，减少空气的水平交换通量，降低土壤和空气间的热量、水分的交换速率，从而减弱和防止土壤表层的积盐现象。第二是能降低地下水位，达到防治盐碱的目的。树木有生物排水作用，一棵成年杨树(或柳树)一年可蒸腾排出地下水 80～90 $m^3$,因此一条林带即相当于一条排水渠,起到降低地下水位和防治土壤盐渍化表聚的作用。造林应按"因地制宜、因害设防、农林牧全面规划"的原则,将农田防护林、草场保护林、防风固沙林、薪炭林和四旁林结合起来营造,逐步形成乔、灌、草、带、网、片相结合的防护林体系。

种植绿肥:种植绿肥具有减轻盐害和降低土壤盐分含量的作用,主要表现四个方面:

①抑制土壤返盐。绿肥作物在生长期间对地面起覆盖作用,减小地面风速、减少地面蒸发,阻止土壤表层积盐。在河西走廊的实验证明,盐渍化土壤上种植碱茅,脱盐效果非常明显;

②提高土壤养分。种植绿肥增加土壤有机质的含量明显,从而增强了土壤微生物的活力和酶活性。在我国西北地区草田轮作或粮草套种豆科绿肥牧草,不仅提高了土壤肥力,而且脱盐效果十分明显;

③改善土壤物理性质。盐碱地最突出的问题是土壤有机质含量低,土壤板结,耕性不良。种植绿肥,由于土壤有机质明显增加和牧草根系的穿插作用,土壤孔隙度、土壤容重也发生良性变化;

④提高农作物产量。由于绿肥有上述几方面的有益作用,向农田翻压绿肥或粮食作物同豆科作物或豆科牧草套种,增产效果明显。

我国西北地区做耐盐的绿肥牧草较多,其中草木樨为优良品种,它对氯化物、硫酸盐以及镁盐均有较强的抵抗力,在镁钙比值3～10 时,仍能生长。其根系可深入地下 1m 以下,根群分布直径30～50cm,主要集中在 0～30cm 深度内,根茬产量和鲜草产量均高。在它生长期间,枝叶繁茂,覆盖地面,减少土壤蒸发,起到抑盐作用,具有广阔的推广前景。

种植耐盐经济作物:在盐化程度较高、农作物产量较低的地段,可种植一些耐盐的经济作物,既可改良盐碱地,又可获得较高的经济效益。耐盐经济作物主要有甜菜、枸杞。

**农业技术改良措施:**

平地改土:地平可以提高灌水洗盐的效果,也是减少和防治土壤表层盐斑式积盐的有效方法。在平整轻度盐渍化土壤时，要和打埂作畦结合起来；平整重盐渍化土壤时，要同修条田相结合，平整后要结合灌水，让土体沉实，起到压盐的作用。

适当深耕深翻：深耕深翻，除可熟化土壤、改善土壤理化性质外，还可以加速土壤脱盐，减少土壤返盐。据柴达木盆地赛什可农场的试验，深翻 25 cm，含盐量由原来的 1.05%下降到 0.42%；而耕翻 10 cm 的盐碱地，脱盐深度仅有 4～5 cm，且含盐量减少不明显。

增加土壤有机质：盐渍化土壤上生物量积累较少、土壤有机质含量较低；在其冲洗改良过程中，不只是冲洗盐分，有机质和微量元素也随水分淋洗而损失，因此，盐渍化土壤一般是低温、土瘦、结构性能差的土壤。增加有机质对改良盐渍化土壤具有重要作用。当冲洗脱盐到一定程度后，应增施有机肥。第一，可促使土壤进一步脱盐；第二，可改良土壤物理性质，如改良土壤结构、提高地温、改善土壤孔隙性；第三，可改善土壤的水分状况，如减少土壤蒸发量，保持较高的土壤含水量；第四，改善农作物的营养状况，提高抗盐能力。

据青海省农业科学院在 70 年代的研究表明，三年连续施用有机肥 $6\times10^4$kg/hm$^2$，耕层土壤容重降低了 0.09 mg/m$^3$，总孔隙度增加了 6%，耕层土壤脱盐率为 38.2%～45.6%，小麦产量提高了 1800kg/hm$^2$。增施有机肥可根据肥源的多少而定。在肥源充足时，可大量施用；肥源不足时，可集中施用，而不能分散施用。河西走廊的施肥降盐试验表明，在秸秆中，豆类优于麦类，在粪肥中，羊粪强于猪粪。

实行草量轮作：将小麦连作改为小麦－绿肥－小麦或绿肥－小麦－小麦的轮作方式，适当配施化学氮磷钾，可起到减轻盐分、提高土壤肥力的作用，是轻度盐化土壤改良的好方法。柴达木盆地如赛什克农场用此方法在轮作周期后测定，耕层土壤脱盐率为 50.2%，土壤容重下降 5.8%，总孔隙度增加了 4.7%。

起槽种植改造盐斑地：西北干旱区各灌区普遍分布有盐斑地，主要是耕地地面不平，灌水后土壤受水不均造成。起槽改良盐斑地，是将盐斑地挖掉，达到脱盐的目的。起槽深度，应视盐分积累状况而定。如果积盐土层较薄，例如在河西走廊的试验表明，起槽改良盐斑地的深度 10～20 cm 为宜。但如积盐土层较厚，则起槽深度应深，例如柴达木盆地香日德农场只挖 20～30 cm，效果不良，挖 50～60 cm，效果很好。此外，采取客土法挖掉盐斑地，换上非盐渍化土，效果亦好。

淤积防盐：利用轻质土壤返盐快，重质土壤返盐慢的特点，应用含泥河水放淤，使粘土层厚度不小于 25 cm，可以防止土壤返盐。

铺砂垫草和掺砂改良：这是我国西北地区传统的盐改农业技术。砂的粒径较大，砂粒之间有较大的空隙，水分在砂粒之间移动，向下容易，上行比较困难，因而，地面铺砂和土内掺砂就成为一种防治盐渍的重要措施。此外，还有采取垫草治盐技术，是将盐渍土深挖 40cm，下铺一层草，隔断了毛细管的输盐作用，盐斑即可消除。

避盐栽培：此法在我国西北应用较多，这是运用盐分在高处积聚原理，开沟作垄，盐分在垄背积聚，而沟内盐分相对减少，盐害减轻，沟内便可种植作物，其中包括适合于蔬菜种植的窄条沟垄栽培和适合于瓜果种植的宽条沟垄栽培。窄条沟垄栽培，是指开沟较窄，沟内种蔬菜，垄背不种植；宽条沟垄栽培，是指耕地内挖间距为 1～1.5 m，深为 20～30m 的宽沟，然后将沟内的土堆成宽厚平的垄背，沟内灌水，垄背不灌水，盐分向垄背集中，沟内种植瓜果，藤蔓在垄背上伸展结瓜。实际上根在脱盐的沟内，瓜蔓在积盐的垄背上。

耙苗防盐：所有农作物幼苗的抗盐能力都很弱，所以在盐渍化土壤上种植农作物便有如何保护幼苗不受盐害的问题。常用的办法是，春季雨雪后立即耙苗，以疏松表土，切断毛细管作用，防止盐分随毛细管水上聚地表，以减轻盐分对幼苗的危害，此外耙苗还能使耕层 0～5 cm 土层的地温提高 1～7℃，有利于农作物增产。

秸秆覆盖和地膜覆盖：用覆盖的措施，可以减少土壤蒸发、保持土壤水分防止盐分向地表积聚，还能提高地温，特别在苗期，植物抗盐能力差，地温较低，进行地膜覆盖的效果很明显。

**化学改良措施**：利用化学改良剂改良盐碱地，尤其是碱地，达到降低碱含量，提高土地生产潜力的技术，称为化学改良技术。

*磷石膏改良技术*：磷石膏为磷肥厂生产磷酸铵复合肥的副产品，具有以下特点：含 $P_2O_5$ 1.2%～5.1%、Ca 30%以上，S 20%左右以及其他营养元素，可维持土壤肥力；含游离酸，pH 值为 1～2，可中和土壤碱性；含 $CaSO_4$，可与土壤中的 $Na_2CO_3$ 反应，生产的 $Na_2SO_4$，易被淋洗，降低土壤碱性；含 $Ca^{2+}$，可与土壤胶体中的 $Na^+$交换，形成不宜分散的钙胶体，改善土壤结构。施用磷石膏的目的，不只是增加土壤磷素和其他营养元素，更重要的是降低盐碱土的含盐量、碱化度，达到治盐目的。

*施用氟石、磷酸催化剂改良技术*：氟石具有很高的吸附性，有保水保肥的特征。磷酸催化剂，是炼油过程中的废料，含磷酸18%，并含有大量的游离酸，pH 值 2～3，还含有其他一些营养元素。用磷酸催化剂改土，不仅增肥土壤，降低土壤的 PH 值，而且可改善土壤离子组成，使土壤中的 $Na^+$和 $Cl^-$明显减少，达到治理盐碱目的。

# 荒漠化的综合治理与对策

把荒漠化的成因过程，监测与评估密切的结合起来。探讨成因的目的是查明那些是主因，那些是次因，以及如何采取合理的防治体系，以达到预防和制止荒漠化蔓延的目的。由于荒漠化的发生发展是在脆弱生态条件下人类不合理经济活动所导致某一地区土地严重丧失生产力的过程．而这一过程在时间上和空间上的可变性较大，因而在治理工作中只有把成因过程、发展趋势的监测作为一个整体来加以考虑才能预测其变化规律，从而达到预防和治理的目的（罗斌，1994）。

保持生态系统相对水分平衡是保持生态系统良性循环的关键

因素之一。我国干旱、半干旱地区水资源比较贫乏，年降水量一般在 450mm 以下，干旱区在 200mm 以下，绝大部分地区不足 100mm，而蒸发量一般在 1000～3000mm。目前我国北方缺水总面积已经超过 $58\times10^4km^2$。据水利部门统计：40 年来我国人均水资源已经从 $5780m^3$ 下降到 $2470m^3$（下降了 57%，不足世界人均平均量的 1/4)，人均耕地从 $0.18hm^2$ 下降到了 $0.08hm^2$（减少了 53%)，每年平均受旱面积 $20\times10^6hm^2$。因此，各行业的发展一直受水资源短缺和开发技术水平低所困扰。近年对宁夏、内蒙古、新疆和黄土高原土壤水分动态、林地水分平衡和黄淮海中低产地区水盐动态等进行了研究。通过对人工林地土壤水分平衡研究表明：在干旱、半干旱缺水地区，建成大面积用树林体系是不可能的，干旱区造林密度应低于 1500 株/$hm^2$，半干旱区 5 年内造林密度以 6000～30000 株/$hm^2$ 为宜。甘肃临泽北部用梭梭造林后，林下沙丘 0～2m 土层含水量、有效贮水量大幅度下降，6～7 年后土壤含水量降低到中生植物凋萎湿度以下，6～7 年生的单株可使周围 8m 远沙层含水率降低，影响深度为 2m 。荒漠、半荒漠区无灌溉条件下宜林极限研究表明：耐旱乔木地下水埋深极限是 4～6m，灌木为 5～10m；耐盐乔木矿化度极限是 3g/L，灌木为 3～8g/L。因此，干旱地区在没有外来水补给的情况下，应用超旱生树种梭梭、沙拐枣等造林，用中生树种造林必须进行灌溉，半干旱地区可用中生抗旱树种造林。

经济生态型荒漠化土地治理开发是成功的关键。我国荒漠化土地开发利用指导方针几经变化，20 世纪 50～60 年代，由于单纯注重经济型开发建设，致使荒漠化面积骤增，如柴达木盆地开荒 $8.4\times10^4hm^2$ 土地后，弃耕 $4.57\times10^4km^2$，使 $2\times10^6hm^2$ 沙生植被中的 $1.333\times10^6hm^2$ 受到不同程度破坏。70 年代，我国重新认识到生态环境的重要性，开始了大规模生态林业工程建设。进入 80 年代，由于经济杠杆作用，认识到生态经济综合防治是荒漠化防治的根本出路。1983～1986 年内蒙古吉兰泰盐湖沙害综合治理投资平均防护效益系数是 7.479,是投资的 7.5 倍。当覆盖度达到 40%~50%时,风沙流中 99%的沙粒被拦截沉积。乌兰布和荒漠边缘大范围绿化工程使林网内沙尘输移减少 80%,降尘减少 40%,大气浑浊度降低 35%。沙漠土地经济效益每年由 4.3 元/$hm^2$ 提高到 1359.3 元/$hm^2$。内蒙古巴林右旗短角牛场牧场防护林,在 20 倍树高范围内风速降低 15%~49.2%,林网内牧草早返青 4~6 天,秋季早霜晚到 7~10 天,林网内蒸发量减少 25.5%,空气相对湿度提高 3%,林网内豆科、禾本科牧草所占比重提高 53.5%,牧草产量提高 21.6%。防护林结构特征与作物产量关系研究表明:南北走向高于东西走向,最适宜农田防护林单位面积林地冠幅为 2~4$m/m^2$,冠体 4~6$m^3/m^2$,林木密度 0.1~0.2 株/$m^2$,林木高度 8~20m。对黑龙江音河乡农田防护林带地状况调查表明:杨树和两松(落叶松、樟子松)范围分别是 1.3H 和 0.35H,减产率是 51.53%和 31.47%,因此,林带优化改造应以松树为主栽树种。"三北"地区 15 年累计投资 32.32 亿元,人工造林 $1.334\times10^6km^2$,封山封沙育林 $6\times10^6km^2$ 多,飞播造林 $60\times10^4km^2$ 多,防护了 $17\times10^6km^2$ 多农田和 $8.9\times10^6km^2$ 多牧场,使粮食产量增加了 10%~30%,产草量增加了 20%。据水利部门水土保持效益计算,40 年来坝地拦泥累计 355 亿 t,增产值 630 亿元人民币。现有水土保持设施每年可增产粮食 $1.1\times10^{10}kg$ 多,果品 $2.35\times10^{10}kg$,枝条 $3.15\times10^{10}kg$,饲草 $1.8\times10^{10}kg$,每年可增加保水能力 $1.8\times10^{10}m^3$ 多,可减少土壤侵蚀量 $11.4\times10^8t$。

先进的治理技术是加速荒漠化土地治理的第一生产力。治理技术的革命是推动荒漠化地区生产力发展的动力。近年主要在引种育种学和造林措施研究方面取得了较大进展。引种育种学如:筛选出了杨树耐盐突变体、分离出了海洋植物耐盐基因、选出了抗旱性强的东疆、白皮、头状沙拐枣和多枝、多花、甘蒙柽柳,适宜盐碱地造林的短穗、刚毛、长穗和甘肃柽柳。樟子松在内蒙古蹬口县含盐量 0.26%的次生盐渍化上上引种成功。造林技术措施上,首先是进行土地利用规划与立地分类，再根据干旱程度，采取以保持水分平衡为准的造林密度。进行不灌溉或节水、集水、余水、灌溉造林和生物排水造林等。

①不灌溉或少灌溉造林。分别利用植物旱生特性或土壤含水量较好的特点。主要有飞播造林、扦插造林、埋干造林和深栽造林等，包括杨树大干钻孔探水深栽和柽柳等挖沟避盐深栽；

②利用径流水造林。我国的梯田、水平条田、水平阶、水平沟和色鳞坑等整地方式，都是对因降水所产生的径流的利用方式，据新疆莫索湾沙漠丘间地等高集水沟径流造林试验，在径流系数 0.44，一条沟每年可汇集 874L 水。除一般等高整地汇集径流外，还可以利用喷洒聚乙烯醇、沥青、沥青乳剂等，建造不透水层铺面或采用聚乙烯薄膜覆盖，抑制土面蒸发与渗透，集水效果可提高 150 倍左右。设置人工地下挡水层来降低田间渗漏损失. 可节省灌溉水 70%左右，但要求先移走表土，喷洒乳化沥青等或铺塑料膜等，然后回填表土，造价较高；

③引洪落种造林。是利用夏季多余洪水和植物种子成熟双重有利条件，分天然落种与人工播种两种方式，新疆利用此法大面积发展柽柳林、胡杨林等获得成功，其中柽柳林约 $1\times10^4\sim2\times10^4hm^2$；

④保水造林。借助保水剂、抗蒸腾剂等喷洒于土壤表面或混入栽植穴、蘸根等，也可利用塑料膜铺盖地表、进行地表松土等。保水剂是高分子化合物，一般有醋酸乙烯-丙烯酸醋共聚物，异丁酸-酸酐共聚物，聚丙烯酸盐类，环氧乙烷聚合物和羧甲基纤维素等。其保水性能可以是其自重的数百倍至 1000 倍，保水剂吸水后膨胀生成凝胶，就是加压水也不会离析出去，温差变化对其吸水率无影响，因此具有优异的保水性能。可提高造林成活率 10%～60%。抗蒸腾剂主要是一些高岭土和生长抑制剂等。通过增加气孔阻力，可以有效地减少水分消耗。比较常用的有脱落酸(ABA)和人工合成的矮壮素(CCC)、青鲜素(MH)等；

⑤灌溉造林。除畦灌、沟灌、漫灌外，还有喷雾、喷灌、滴灌和渗灌等节水形式。我国于1974年引进滴灌技术，1981年提出了适合我国的燕山滴灌技术，使滴灌系统工程投资比国外同类工程降低80%，现已在国内10多个省市试点推广。它比传统地面灌溉节水80%，比喷灌节水40%，节能60%以上。其中固定式滴灌设备投资3750元/$m^2$，半固定式2250元/$m^2$。一次投资可使用20年，移动部分的投资占总投资的15%，可使用约7年。1992年，中科院地理所在内蒙古翁牛特旗杜家地乡4.4$hm^2$(10°坡)耕地上进行滴灌表明：滴灌用水量是343.8$m^3/hm^2$. 当地漫灌用水定额是900$m^3/hm^2$，节约用水近2/3，投资定额为1800元/$hm^2$，小麦产量达到6030kg/$hm^2$。此外，农业部门进行了膜孔灌技术研究，节水效果也在50%以上。渗灌是把水灌入地下的管道内，水在地下封闭的低压管网系统内运行，湿润根系层土壤，与地面明水灌溉相比，可节约用水约80%。在干旱缺水的井灌区，同样的灌溉面积，可节约4/5的地下水。设施一次铺设多年受益，投资额约为1500元/$hm^2$；

⑥盐碱(渍)化防治造林。我国由于经济力量有限，渠道一般没有采取防渗措施，仅新疆每年就有$270\times10^8m^3$的水从渠系中渗漏，造成渠系两侧地下水位抬升，次生盐渍化危害严重。在渠旁、盐渍化和水渍化土地上造林排水，具有良好的经济效益。另外，双灌双排、种稻洗盐、微区改土、竖井和暗管排水、利用咸水灌溉和淡水滴灌、石膏改土等都是盐碱(渍)化土地改造的成功技术。现在治理已经朝着针对不同盐类危害进行治理和区域化治理的方向发展。如：不同盐类对胡杨苗木危害由大到小顺序是：$Na_2CO>NaHCO_2>NaCl>CaSO_4>MgSO_4>$以NaCl为主的盐渍皮。苗木经过耐盐害催根处理可以显著提高抗御盐害的能力。1992年中国林科院在内蒙古蹬口盐碱化土造林表明：在整地、灌水后，0.3m土层含盐量仍达0.98%的情况下，直接扦插短穗、长穗和甘肃柽柳成功，成活率达70%～98.7%。

## 参考文献

安芷生，吴锡浩，卢演俦等. 最近2万年中国古环境变迁的初步研究，黄土、第四纪地质全球变化(刘东生主编). 北京：科学出版社，1990

曹家骧. 中国荒漠化警示录，文汇报. 2000年4月18日

常影，宁大同. 全球气候变化对中国土地荒漠化的影响. 地学前缘，**39**(1)：2002

陈广庭. 土地荒漠化. 北京：化学工业出版社，2002

陈隆亨. 我国土地荒漠化的治理. 自然灾害学报，**5**(1)：105－110，1999

慈龙骏. 全球变化对我国荒漠化的影响. 自然资源学报，**9**(4)：289－303，1994

慈龙俊. 全球变化对我国荒漠化的影响. 科技导报，1995

慈龙骏. 我国荒漠化发生机理与防治对策. 第四纪研究，(2)：97－106，1998

慈龙俊等. 荒漠化与气候变化的相互作用. 世界林业研究，(1)：8－14，1997

慈龙骏，刘玉平等. 人口增长对荒漠化的驱动作用. 干旱区资源与环境，**14**(1) 28－33，2000

董光荣等. 我国荒漠化现状、成因与防治对策. 中国沙漠，**19**(4)：318－332，1999

董光荣，靳鹤龄，陈惠忠等. 中国北方半干旱和半湿润地区荒漠化的成因. 第四纪研究，(2)：136－109，1998

国家林业局防治荒漠化办公室. 中国荒漠化监测技术规程. 1998

黄维，牛耘. 西北地区沙尘暴的危害及对策. 干旱区资源与环境，**12**(3)：83－88，1998

李峰. 全球气候变化与我国荒漠化监测的关系. 干旱区资源与环境，**11**(3)：28－33，1997

李福兴. 全球荒漠化现状和我国荒漠化研究的动向. 水土保持研究，**3**(4)：103－109，1996

联合国环境规划署，董玉祥，刘毅华编译. 荒漠化防治计划执行情况和荒漠化现状》. 干旱区研究，**9**(3)：76－78，1992

林进，周卫东. 中国荒漠化监测技术综述. 世界林业研究，(5)：58－63，1998

林年丰，汤浩等. 中国干旱半干旱区的环境演变与荒漠化的成因. 地理科学，

**21**(1):24—29,2001
卢琦,郭剑亮.荒漠化监测评价的标准与指标体系.世界林业研究,**12**(2):44—49,1999
陆诗雷.土地荒漠化动态监测及其技术路线探讨.干旱区资源与环境,**12**(1):7—13,1998
罗斌等.我国荒漠化地区土地退化的防治措施.水土保持通报,**14**(2):37—41,1994
马立鹏.甘肃省荒漠化监测体系的建立.甘肃林业科技,**24**(2):27—31,1999
裴浩,敖红燕等.气象与荒漠化.干旱区研究,**15**(3):70—73,1998
申元村,张克斌,王贤.荒漠化.北京:中国环境出版社,2001
孙荣强.干旱定义及其指标评述.灾害学.**9**(1):17—21,1994
孔昭宸等.北京地区距今30000～10000年的植物群发展和气候变迁.植物学报,**22**:330—338,1980
王跃等.试论青藏高原隆升对中国沙漠形成演化的影响.干旱区研究,**13**(2):20—24,1996
我国将实施三大防沙治沙工程.科学时报.2002年11月20日
吴征镒等.中国植被.北京:科学出版社,1980
辛业江.中国林业概貌.北京:中国林业出版社,1987
徐淑英.中国干旱气候划分及其特征.地理科学,**11**(1):1—9,1991
叶笃正,陈泮勤.中国的全球变化预研究.北京:地震出版社,1992
赵松乔主编.中国干旱区自然地理.北京:科学出版社,1985
张德二.我国历史时期以来降尘的天气气候学初步分析.中国科学(B辑),(3):278—288,1984
张煜星.中国荒漠化气候类型的分布.干旱区研究,**15**(2):46—50,1998
朱教君,姜凤歧,李凤芳.沙漠化问题浅析.防护林科技,**21**(4):30—55,1994
朱俊凤,朱震达.中国荒漠化防治.北京:中国林业出版社,1999
中华人民共和国林业部.全国森林资源统计.1977—1981
朱震达.荒漠化概念的新进展.干旱区研究,**10**(4):8—10,1993
朱震达.土地荒漠化问题研究现状与展望.地理研究,**13**(6):104—111,1994
朱震达.全球变化与荒漠化.地学前缘,**4**(1,2):213—219,1997
朱震达等.中国荒漠化研究的理论与实践.第四纪研究,(2):97—106,1992